U0301941

国家出版基金项目
NATIONAL PUBLICATION FOUNDATION

「十三五」国家重点图书出版规划项目

刘铁梁 王凯旋 主编

东北非物质文化遗产丛书

Book Series of Intangible Cultural
Heritage in Northeast China
Folk Architectural Techniques

民间建筑技艺卷

李春利 著

东北大学出版社

© 李春利　2018

图书在版编目（CIP）数据

东北非物质文化遗产丛书. 民间建筑技艺卷 / 刘铁梁，王凯旋主编；李春利著. — 沈阳：东北大学出版社，2018.2
ISBN 978-7-5517-1823-3

Ⅰ. ①东… Ⅱ. ①刘… ②王… ③李… Ⅲ. ①非物质文化遗产—介绍—东北地区②建筑艺术—介绍—东北地区 Ⅳ. ①G127.3②TU-862

中国版本图书馆 CIP 数据核字（2018）第 038258 号

出　版　者：东北大学出版社
　　　　　　地址：沈阳市和平区文化路三号巷 11 号
　　　　　　邮编：110819
　　　　　　电话：024-83687331（市场部）　83680267（社务部）
　　　　　　传真：024-83680180（市场部）　83687332（社务部）
　　　　　　网址：http://www.neupress.com
　　　　　　E-mail:neuph@neupress.com
印　刷　者：辽宁新华印务有限公司
发　行　者：东北大学出版社
幅面尺寸：170 mm × 240 mm
印　　张：18.25
字　　数：318 千字
出版时间：2018 年 2 月第 1 版
印刷时间：2018 年 2 月第 1 次印刷
选题策划：郭爱民
责任编辑：孙　锋　孙德海　汪彤彤
责任校对：项　阳
装帧设计：Amber Design 琥珀视觉

ISBN 978-7-5517-1823-3　　　　　　　　　　定　价：74.00 元

 总　序

　　由我国著名的民俗学与文化人类学专家、中国民俗学会副理事长、北京师范大学博士生导师刘铁梁教授，辽宁省民俗学学科带头人、辽宁社会科学院文化学研究所所长王凯旋研究员共同主编的《东北非物质文化遗产丛书》共10卷，各分卷依次为：民间文学卷、民间礼俗卷、民间信仰卷、民间服饰卷、民间岁时节日卷、民间手工技艺卷、民间建筑技艺、民间表演艺术卷、民间饮食技艺与习俗卷、民间体育技能与传统医药卷。这套丛书已经被列为"十三五"国家重点图书出版规划项目，它的出版填补了国内学术界和出版界有关东北地区历史文化发展长河中非物质文化遗产研究领域的一项空白，是对东北地区社会历史、社会民俗与社会文化的一项带有总结性的学术研究成果。丛书的作者中荟萃了北京师范大学、辽宁社会科学院、辽宁大学和辽宁师范大学等单位长期从事历史文化与社会风俗研究，尤其长于东北地方历史文化研究的专家学者。所有作者均为在所著专题方面学有专长的学者、教授和博士。

　　东北地区地处我国的东北边陲，其历史文化表现为独特鲜明的边塞文化特点。辽西红山文化的发现，证明了辽宁地区或东北地区为我国远古文化的发祥地之一。从先秦至明清，东北各民族同胞的历史文化一脉相承，在清代时达到了历史的高峰。中原文化的传入及其与东北当地文

化的融合，铸就了中华民族独特的灿烂辉煌的东北地域文化，其中既有物质文化成就，亦有非物质文化成果。然而，就学术界和文化界而言，总结东北人民这份珍贵的非物质文化遗产工作，却做得少之又少，这与东北地区历史上长期存在并发展的地域民族民俗文化和社会物质精神文化的成果及事实存在相比，是极不协调、极不相称的。对东北历史文化的描述还仅停留于个别事件的宏观概括和简单叙述，还只是就政治及军事沿革的一般考察，而对于诸如东北地区民风民俗和民间文化的全景式与整体性的研究论述则至今阙如。个别的文字记载和描述也多为对某一方面或某一地区简单现象的罗列，且常常重复、零散与口头化，民间自发的口口相传的口述史实居多。即便如此，对这些口述史实记载或传承的个体也是零散的与非文字性的，东北非物质文化遗产所面临的最突出问题是文字史料留存极少，现有的文本介绍与文字出版也多是零散而不系统的。与之形成鲜明反差的是，东北地区大量存在并经由历史长期流变而以物态化和非物态化形式存续的文化遗产内容却是极其丰富翔实的，这是一笔不容遗失的"祖业"，是千秋财富。为了传承历史、面对未来，我们有必要、有可能也有条件对东北非物质文化遗产作全面系统的整理、保存与传承。这是学人的重任，也是出版人的重任。

这套丛书从提出选题创意到否定选题，再到提出新的选题视角，到再次补充、修订和完善，经过反复多次的研讨和论证，最终确定了10个最具代表性的研究专题。它们代表了或在相当程度上代表了东北非物质文化遗产所应涵盖和阐述的内容，几乎每卷都是首次系统地总结了该卷所要和所应论及的内容，有些内容的阐释具有填补空白的意义。

《东北非物质文化遗产丛书》突出而鲜明的特色，是它的地域性、民族性与兼容性，而这是以往任何一部介绍东北历史文化的论著都难以或无法达到的。在党中央、国务院作出关于振兴东北老工业基地重大决策部署的时代背景下，抢救和传承东北非物质文化遗产、铸就东北文化软实力、提升东北人民的文化自信，是我们组织撰著和出版这套丛书的直接动力。

这套丛书与目前其他省份已问世的"非遗"丛书的显著区别在于，上述10卷内容没有泛泛而谈衣食住行和婚丧嫁娶等一应民俗事项，而是充分关照了东北地域文化与民族文化特点，如民间礼俗、民间手工技艺、民间建筑技艺、民间体育技能与传统医药等。诸如此类，都体现了东北"非遗"丛书鲜活的地域特色与民族风情。

《东北非物质文化遗产丛书》的撰著和出版是一项筚路蓝缕性的文化

工程，它对于正在进行的东北文化振兴将作出具有历史意义的贡献。尽管它仍会存在一些不尽如人意之处，宏大的东北非物质文化遗产也绝非10卷本300余万字所能涵盖的，但作为全景式、广角度展现东北"非遗"的开山之作，我们仍然积极期待它的出版问世。这套丛书的撰著和出版，体现了创新精神、严谨态度和科学论证，是做了前人所未做的事。它在一个历史阶段上完成了对东北地区非物质文化遗产的历史性学术总结。

王凯旋

2018年2月

前言

　　东北地区非物质文化遗产是中华历史文化遗产的重要组成部分，是东北地区人民宝贵的精神财富。它蕴含着东北地区人民特有的文化意识和丰富的创造力。

　　东北地区传统建筑从多个层面体现了美学与科学技术的完美结合。它既是物质文化的外在表现形式，也是非物质文化遗产传承的载体。本卷既是对东北地区传统建筑的介绍，也是对包含在其中的建造技艺的深入解读。

　　本卷主要介绍东北地区非物质文化遗产中的建筑技艺，包含东北地区著名建筑——沈阳故宫、盛京三陵，东北地区著名宗教建筑，东北地区著名古塔，东北地区其他著名古建筑，东北地区木质结构建筑，东北地区传统民居，东北地区传统民居相关建筑的建筑技艺、构造特点、建筑装饰等内容。

　　第一章概述了东北民间建筑技艺。包括东北民间建筑技艺的类型与分布、延续与传承、现状与前景。

　　第二章重点介绍了沈阳故宫。沈阳故宫体现了17世纪前期东北地区和满族的特点，与明、清两代全国性统一政权的宫殿——北京故宫——既有相同之处，又有显著区别。沈阳故宫建筑在布局、造型、装饰、营造技术和使用功能等方面，无不体现出宫殿使用者的民族属性、居住风俗、文化信仰。

第三章全面细致地介绍了盛京三陵——新宾永陵，沈阳福陵、昭陵，并概述了清代帝陵的演变历史。

第四章重点介绍了东北地区著名宗教建筑。它主要分为两种类型：一是道观；二是佛寺。分别列举了东北地区具有典型性、代表性的宗教建筑，并对其发展历史及内涵进行了详尽叙述。

第五章介绍了东北地区著名古塔。内容包括古塔的建筑年代、塔名由来及塔基、塔身、塔檐等各部分的结构特点。

第六章介绍了东北地区其他著名古建筑。主要介绍一些知名度较高、历史性较强的建筑，包括吉林文庙、兴城文庙、李成梁石坊、海城山西会馆、大孤山古建筑群。

第七章重点介绍了东北地区木质结构建筑。主要包括辽代木构建筑——锦州义县奉国寺大雄殿，以及漠河民居——木格楞与木包房。

第八章介绍了东北地区传统民居。重点介绍传统民居的现状、建筑技艺和发展前景。

第九章介绍了东北地区传统民居相关建筑。主要介绍附属于建筑主体的其他建筑，包括长白山地区的"哈什"（仓房）的建筑技艺，以及极具东北地域特色的火炕的建筑技艺等。

第十章介绍了东北地区建筑装饰。重点介绍了东北地区特有的油饰和建筑彩绘。

本卷记录下的所有建筑，都包含着人类生活的历史。正是社会环境与历史因素，造就了风格各异的东北地区建筑形态。本卷以学术普及性为主，并配有相应的图片说明，直观、具体地介绍了东北地区非物质文化遗产中建筑的诸多方面，旨在拓展青少年读者的视野，向青少年读者展示东北地区非物质文化遗产中建筑的高超技艺和当地人民特有的精神价值与智慧，使广大青少年更为全面地了解东北地区"非遗"建筑。

著者

2018年1月

第一章　东北民间建筑技艺概述

第一节　东北民间建筑技艺类型与分布　　　3

　一、东北地区非物质文化遗产民间建筑技艺类型　　　3

　二、东北地区非物质文化遗产民间建筑技艺分布特点　　　3

第二节　东北民间建筑技艺延续与传承　　　4

第三节　东北民间建筑技艺现状与前景　　　4

第二章　沈阳故宫

第一节　时代背景　　　10

第二节　建筑沿革　　　11

　一、努尔哈赤时期的宫殿　　　11

　二、皇太极时期盛京皇宫的进一步汉化　　　16

　三、乾隆时期沈阳故宫的扩建　　　25

第三节　装饰纹饰　　　29

　一、动物纹　　　30

　二、植物纹　　　32

第四节　建筑彩画　　　33

第三章 盛京三陵

第一节 永 陵 39

　　一、永陵概观 39

　　二、历史沿革 41

　　三、陵内建筑 43

　　四、建筑特征 45

　　五、永陵陵主 46

第二节 福 陵 48

　　一、历代管理 49

　　二、内部景观 49

　　三、主要建筑 50

　　四、福陵陵主 53

第三节 昭 陵 54

　　一、陵寝布局 54

　　二、陵名典故 55

　　三、陵内建筑 57

　　四、"昭陵十景" 73

第四节 清代帝陵特点 75

　　一、发展历程 75

　　二、形制演变 76

　　三、建筑特色 78

第四章 东北地区著名宗教建筑

第一节 道 观 83

　　一、千山五龙宫 83

　　二、千山无量观 84

　　三、沈阳太清宫 89

四、海云观 92

五、吉林辽源福寿宫 93

六、牡丹江天仙宫 94

七、天成观 94

八、北镇庙 96

第二节 佛 寺 99

一、哈尔滨极乐寺 99

二、长春般若寺 101

三、沈阳慈恩寺 102

四、营口楞严寺 103

五、万佛堂石窟 105

六、沈阳长安寺 107

七、佑顺寺 108

八、大连清泉寺 110

第五章 东北地区著名古塔

第一节 辽阳白塔 115

一、建筑年代 115

二、塔名由来 118

三、结构参数 119

第二节 广济寺塔 131

一、建筑年代 132

二、结构参数 133

第三节 广胜寺塔 136

第四节 八塔子塔 143

第五节 崇兴寺双塔 149

第六节 农安古塔 154

一、历史溯源　　　　　155

二、建筑年代　　　　　156

三、结构参数　　　　　158

第七节　铁岭圆通寺白塔　159

一、建筑年代　　　　　159

二、结构参数　　　　　161

第六章　东北地区其他著名古建筑

第一节　吉林文庙　　　　167

一、文庙历史　　　　　167

二、文庙建筑　　　　　168

第二节　兴城文庙　　　　170

第三节　李成梁石坊　　　171

第四节　海城山西会馆　　172

第五节　大孤山古建筑群　173

第七章　东北地区木质结构建筑

第一节　辽代木构建筑
　　　　——锦州义县奉国寺大雄殿　185

一、寺内建筑　　　　　186

二、佛像传说　　　　　187

第二节　漠河民居——木格楞与木包房　188

第八章　东北地区传统民居

第一节　吉林市乌拉满族民居　193

一、满族民居简介　　　193

二、乌拉满族民居　　　198

第二节　长白山满族木屋　203

一、木屋历史追溯　　　203

二、木屋样式 205

三、木屋结构 206

四、室内陈设 207

五、庭院布局 210

六、锦江木屋村 211

第三节 松原前郭尔罗斯传统民居 214

一、旗王住宅 214

二、马架房 215

第四节 松嫩平原传统民居 216

一、建造技艺 217

二、碱土民居现状 218

第五节 延吉朝鲜族民居 219

一、构造特色 221

二、室内装饰 222

三、美学价值 224

第六节 鄂伦春族斜仁柱 227

一、构造特征 228

二、居住习俗 229

第七节 敖鲁古雅鄂温克族撮罗子 231

第八节 达斡尔族民居 235

一、院落布局 235

二、建筑单体 236

第九节 鄂温克族欧乣柱（柳条包） 239

第九章　东北地区传统民居相关建筑

第一节 长白山"哈什"（仓房） 243

一、苞米楼子制作方法 244

二、满族"哈什"种类 244

第二节　东北地区火炕　246

一、历史上的火炕　246

二、现代火炕　253

第三节　蒙古包　256

一、结构　257

二、历史发展　261

三、文化发展　262

四、鲜明特征　263

五、包内陈设　265

六、相关禁忌　266

七、拆卸与搬运　267

第十章　东北地区建筑装饰

第一节　东北古建筑传统地仗——油饰　271

第二节　沈阳市苏家屯区于宝良传承的古建筑彩绘　274

第三节　大庆肇源古建筑彩绘　275

参考文献
276

第一章

东北民间建筑技艺概述

第一节 东北民间建筑技艺类型与分布

一、东北地区非物质文化遗产民间建筑技艺类型

东北地区非物质文化遗产种类繁多，涉及范围广。其中的建筑技艺，按照不同标准可以有两种分类方式：一是按照种类分类；二是按照级别分类。

（一）按照种类分类

按照建筑材料与功用划分，目前东北地区非物质文化遗产建筑技艺大致可分为沈阳故宫、盛京三陵，著名宗教建筑，著名古塔，其他著名古建筑，木质结构建筑，传统民居，传统民居相关建筑的建筑技艺、构造特点、建筑装饰。

（二）按照级别分类

鉴于非物质文化遗产的特殊性，其大致可分为世界级、国家级、省级、市级、县级五级名录。

二、东北地区非物质文化遗产民间建筑技艺分布特点

从整体上看，东北地区非物质文化遗产主要分布在辽宁省、吉林省、黑龙江省、内蒙古东部地区。建筑技艺传承的载体为建筑，那么建筑所在地即为技艺所在地。但是，各种情况比较复杂。传统官式建筑的所在地为城市；民居散见于城市与乡村，多数集中在乡村；宗教建筑有的分布在城市中，有的坐落在深山中。还有一些建筑技艺会随着非物质文化遗产观念的逐渐推广而逐步走进大众视野，但也有一些会中断甚至消亡。

第二节　东北民间建筑技艺延续与传承

东北地区的民间非物质文化遗产资源丰富。其中，建筑技艺随着一代代工匠的传承而继续发展。但是，技艺类的传承属于师徒传授，在传承过程中尚存在一些问题。归纳起来，有以下几个方面：其一，现有传承人的年龄偏大，下一代传承人尚未成熟。在非物质文化遗产传承与延续过程中，由于受到现代经济、文化和生活方式的冲击，以及随着外来的、新的艺术形式不断涌现，传承的艺人越来越少，使一些遗产处于濒危状态。其二，"活态"传承不普及，不利于非物质文化遗产的可持续发展。其三，生产性保护没有实质性实施。如果能在保护的基础上进行产业开发，创造一定的经济效益，等到试点成功后再扩展到其他非物质文化遗产项目，并将产业化所取得的资金再投入到保护之中，就可以缓解各级政府保护经费投入不足的现状。

第三节　东北民间建筑技艺现状与前景

从保护角度来看，东北地区建筑技艺虽然前景广阔，但还存在一些问题。首先，专职研究人员和收藏人员比较少，研究专家更是凤毛麟角，而且缺少对外界的宣传，不能引起人们的注意，这与丰富的遗产内涵十分不相称。其次，非物质文化遗产被世人熟知的只有寥寥几项，多项非物质文化遗产正濒临失传，它们缺少原生态的生存环境及相应的保护经费。最后，非物质文化遗产保护机制不健全，只是对现有的非物质文化遗产资源进行普查，并没有建立对非物质文化遗产登记建档的制度，也缺少专门的执行机构进行集中管理，而且保护非物质文化遗产的资金投入匮乏。

随着时代的变迁，人类的生活条件和生活环境逐步得到了改善，但非物质文化遗产原生态的生存环境在一定程度上受到了严重的威胁。我们现在对非物质文化遗产的保护措施主要是，将非物质文化遗产保护与旅游景区开发相结合，通过旅游产业带动对非物质文化遗产的保护，促进对非物质文化遗产内涵的深入挖掘、整理，为非物质文化遗产创造出原生态的生存环境。

旅游景区的开发不仅为非物质文化遗产提供了保护，也为非物质文化遗产提供了传承的基地。以产品的形式对非物质文化遗产进行开发，实现了非物质文化遗产的价值。非遗旅游的发展使当地的民间文化得到了展示、传播和弘扬。

当前，习近平总书记提出了中国梦的伟大构想。非物质文化遗产的保护与开发在这样的时代背景下，应当借力东风，攀上青云之巅。

第二章

沈阳故宫

　　沈阳故宫，即清入关前的盛京皇宫。清入关后，改名为盛京行宫或奉天行宫。位于辽宁省沈阳市明清旧城中心。1625年，努尔哈赤定都沈阳，开始修建。1636年，皇太极登基，皇宫初成。至乾隆时期，又有大规模的改建与增修。1926年以后，整个宫殿建筑群陆续被作为博物馆使用。1961年，被中华人民共和国国务院确定为首批全国重点文物保护单位。2004年7月，作为明清皇宫文化遗产扩展项目被联合国教科文组织世界遗产委员会列入《世界文化遗产名录》。

　　沈阳故宫作为中国历史文化长河中璀璨的明珠，经历了近400年的风雨洗礼，依然保持着清代中期形成的宫殿格局和建筑风貌。它不仅是一处著名的古代宫殿建筑群和历史文化旅游胜地，而且具有十分重要的学术价值。沈阳故宫作为清入关前的宫殿，上承后金政权的开国创业，下启其发展为全国统一封建王朝的兴盛繁荣，保存完好的古代宫殿建筑成为承载这一历史转变过程最重要的实物遗存。1644年，顺治皇帝迁都北京，政治统治中心发生转移，但清政府仍然很重视沈阳故宫在边疆问题上所起到的重要作用。1671—1829年，4位皇帝9次来到沈阳故宫。自乾隆初年起，沈阳故宫又正式扩建为皇帝东巡谒陵时的盛京行宫。清朝末年，国力渐衰。咸丰以后，皇帝再没能回东北祭祖谒陵，处于国家"龙兴重地"的沈阳故宫也因列强入侵而蒙受耻辱。

　　沈阳故宫与北京故宫均为清人的重要皇宫，但二者之间却存在区别。沈阳故宫的建筑文化更多地体现了17世纪前期东北地区和满族的特点，与明、清两代全国性统一政权的宫殿——北京故宫——既有相同的因素，又有显著的区别。沈阳故宫建筑的布局、造型、装饰、营造技术和使用功能等方面，无不体现出宫殿使用者的民族属性、居住风俗、文化信仰。另外，从建筑形式上看，沈阳故宫建筑融合了汉、满、蒙古、藏等多民族的内容，并尤以满、汉两种文化的交融为特色。对沈阳故宫宫殿建筑的研究，不仅会使人们了解不同民族文化在碰撞过程中的融合与发展，而且能够提供一个认识中国古代传统文化多样性的实际物证。想要全面了解沈阳故宫在建筑文化历史上的艺术价值和科学价值，则必须结合历史的实际情况，并通过现存古建筑和与之相关的其他例证，深入地、多角度地理解沈阳故宫所蕴含的丰富历史内涵。

第一节　时代背景

努尔哈赤自明万历十一年（1583）起兵，历经30余年，统一女真诸部。他把分散落后的女真各部兼并于自己的管辖下，使之形成相对稳定、独立和强大的民族共同体，并着手准备建立本民族国家政权。

努尔哈赤在统一战争过程中，建立了具有民族特色的军政合一的社会组织形式——八旗制度。它是由女真氏族社会末期狩猎组织形式"牛录"演变而来的。努尔哈赤起兵时，只有铠甲十三副、兵百人；随着统一战争的节节胜利，辖民日众。为了满足对外战争和对内统治的需要，明万历二十九年（1601），将原牛录组织加以改造，把每三百人编为一个牛录，设"额真"官职管理，建立黄、红、蓝、白四旗分领牛录。明万历四十三年（1615），又因"附归日众，乃析为八"，即在原来四旗基础上，增加了镶黄、镶红、镶蓝、镶白四旗，统称八旗。并规定，五个牛录为一甲喇，五个甲喇为一固山（满语，即清代八旗的"旗"），各设一名额真统辖。固山额真为一旗之主。努尔哈赤为八旗最高统帅，以其子侄分别统率各旗，称和硕贝勒。凡行军打仗、平日生产、财产分配等军政之事，皆以八旗为划分单位进行。八旗制下的部众称为"旗人"，平时生产，战时打仗；八旗各级官吏既是战场上的指挥官，又是生产活动的组织者及行政事务的管理者。

明万历四十四年（1616）正月初一日，努尔哈赤在诸王贝勒的拥戴下，于赫图阿拉即汗位，立国号"金"（史称后金），年号"天命"，成为大金国乃至清朝的开国帝王。

1621年2月，努尔哈赤趁辽东经略换人、守备空虚之机，亲率大军分八路进攻奉集堡、虎皮驿，打开沈阳门户。又于三月初十日，在萨尔浒新城誓师启程，载云梯营栅等战具，自浑河顺流而下，水陆并进，直奔沈阳。相继攻占辽沈地区后，努尔哈赤将都城迁至辽阳。1625年，又迁都于沈阳。从此，沈阳这座历史名城作为后金（清）政权的国都而闻名于世。

第二节　建筑沿革

努尔哈赤从起兵创业到1625年迁都沈阳前，曾先后在佛阿拉、赫图阿拉、界藩、萨尔浒和辽阳等地建立统治中心。沈阳是后金进入辽沈地区后的第二座都城，也是入关前的最后一座都城。因此，沈阳故宫的建设也因循满族的民族特点，在建筑上富有自己的特色。

一、努尔哈赤时期的宫殿

1625年3月，努尔哈赤力排众议，决定放弃刚刚建成不久的东京城（位于辽阳城东），将都城迁到辽阳城以北约90公里的沈阳城。

那么，努尔哈赤为什么有如此迁都举动呢？这要从沈阳的地理位置和历史地位讲起。

沈阳地处东北地区辽河平原中部，东依天柱山，南临浑河。区域内多为辽河、浑河冲积平原，地势平坦，物产丰富，是人类理想的栖居之地。根据现代考古学研究成果，早在7000年以前，新乐人就在此地生息繁衍，过着传统的农耕、渔猎生活。此后，沈阳成为东北地区各民族共同生产生活的地域。

春秋战国时期，沈阳成为燕国属地，隶属燕东北三郡之一的辽东郡。秦汉时，于郡下设县，沈阳为辽东郡所属18个县之一的候城县，并驻有军队。东汉时，候城县改属玄菟郡。东汉末，公孙度割据辽东，其后世嫡孙公孙渊自立为"燕王"。238年，曹魏太尉司马懿灭公孙渊，收复辽东，玄菟重归于魏。随后，废候城县，在沈阳境内重设高句丽、高显、辽阳、望平四县，仍属玄菟郡管辖。两晋南北朝时，沈阳乃至辽东相继被鲜卑、匈奴、高句丽占据。

隋时，高句丽在沈阳境内建置玄菟、盖牟二城。唐灭高句丽后，重列州县，改盖牟城为盖牟州，划归安东都护府。至渤海建国，沈阳为其定理府属下"沈州"之地。及至916年，辽国进据沈阳地区，其仍称沈州名，隶东京道。

1116年，金兵击败辽军，攻克沈州，将其改属东京路辖管。这时的沈州已有居民3万余户，成为统辖周围五县的大州。元朝统治时期，于沈州设沈阳路总管万户府，隶辽阳行省，领乐郊、章义、辽滨、进城四县。

明洪武五年（1372），明军打败元朝在辽东的残余势力，攻克沈阳。基于军事防御需要，明废除元代沈阳路建置，改设沈阳中卫，隶属辽东都司管辖。

但是，明中叶以后，东北地区各少数民族逐渐强大，尤以蒙古和女真为最。此时，二族逐渐南迁，辽东地区陷入危机中。

梳理沈阳的历史进程后可以发现，沈阳的战略地位在逐渐增强。因此，努尔哈赤迁都沈阳的决定是相当英明的，对以后历史的发展，尤其是满族政权的强大，均起到不可估量的作用。

那么，努尔哈赤时期的沈阳故宫是什么样子的呢？这要从一项考古发现说起。

2012年夏天，沈阳市文物考古研究所的考古工作者发现了一处清代早期建筑群遗址。最后经过考古发掘证明，此处清代早期建筑群遗址就是曾经的汗王宫，其与《盛京城阙图》所绘的"太祖居住之宫"的位置完全吻合。汗王宫遗址位于沈阳市沈河区中街路北。该遗址是一座坐北朝南的二进院落，南北通长41.5米。遗址由宫门、宫墙、前院、高台基址组成。高台基底座由四道南北向、六道东西向的砖筑台基和围筑其间的夯土台共同构成。

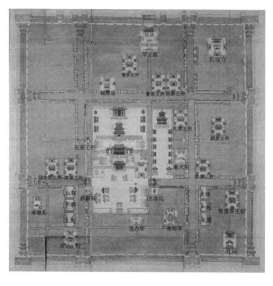

图2-1 清康熙年间绘制的《盛京城阙图》

过去，很多人认为，既然沈阳有清入关前的宫殿（即现沈阳故宫），那么努尔哈赤当时就应该住在这里。但是，从汗王宫遗址的发现可以肯定，努尔哈赤以靠近城北门的一处宅院作为自己的"汗宫"，在其南不远的城中心兴建大衙门、八旗亭等建筑。两者的关系真实地体现了清早期"宫"与"殿"分离的满族宫廷建筑特征。

从清康熙年间绘制的《盛京城阙图》来看，沈阳故宫东路的建筑居于沈阳旧城中央，形成长方形的独立区域。大政殿覆盖着黄绿色琉璃瓦，是当时东北地区古建筑中最高的等级。

沈阳故宫东路的建筑包括大政殿，十王亭，广场最南侧的东、西奏乐亭，大政殿后的銮驾库等，共计14座宫殿建筑物。这些是沈阳故宫建筑群中建筑时间最早，且建筑风格粗犷豪放和最具满族特色的一组建筑。

大政殿是一座八角重檐亭式建筑，正门有两根盘龙柱，以示庄严。它建筑在用条石雕砌的须弥座上；殿顶为八角攒尖顶式，覆以黄绿色琉璃瓦；殿前两根檐柱上雕刻着两只飞升的盘龙；大殿内部高大宽敞，饰有藻井天花、佛教文字和其他木雕装饰。其建筑艺术中包含了许多藏传佛教的内容。大政殿用于举行大典，如皇帝即位、颁布诏书、宣布军队出征、迎接将士凯旋等。

最具特色的是大政殿的木作营造技艺。笔者学识有限，且不敢掠美，在此问题的叙述上，基本采用朴玉顺、陈伯超的观点[1]。

图2-2 大政殿

---

[1] 朴玉顺、陈伯超：《沈阳故宫独特的木作营造技术述略》，载《沈阳故宫博物院院刊》，第1辑，2005，20~23页。

首先，整体结构的搭接处理十分灵活。大政殿是平面三层柱网结构，其特点是，为了加强角部的承载力，在每个角柱左右各加一根檐柱。通常，八角重檐建筑采用二围金柱即可，而大政殿的这种柱网布置方式在历代八角形建筑中是很少见的。

其次，架梁的特殊构造。从构架上看，大政殿最外圈的檐柱支撑下檐，外槽金柱通达上层檐，内槽的8根金柱承托上部藻井。这种结构部分与装饰部分融在一起的做法在现存的遗构中非常少见。北京天坛的祈年殿，平面是圆形，也是三层柱网，12根檐柱支撑下层檐，12根金柱支撑中层檐，正中4根巨大的金龙柱支撑上层檐，从构架上看，仍属于梁架结构；其结构部分与装饰部分是分开的。

最后，在斗拱的使用上，也与以往有所不同。按照宫殿建筑的常规做法和通常对其的理解，其主要建筑应该用斗拱，但沈阳故宫并非如此。努尔哈赤和皇太极时期修建的东路与中路，只有大政殿用了斗拱，而其他建筑（包括皇太极的金銮殿）都没用，这在中国历史上是不多见的。大政殿斗拱本身有如下特点：每攒斗拱的尺度大于清常规做法，平身科仅一攒，坐斗有内凹曲线；撑头木呈龙形；无盖斗板；斗拱在挑檐枋的位置安装有透雕的兽面

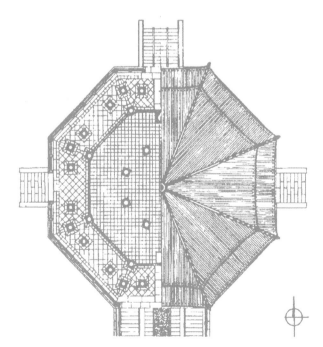

图2-3　大政殿平面图

图 2-4　大政殿剖面图

（藏族建筑的常见装饰形式），所有散斗的平面均为平行四边形，拱在垂直面上抹斜，这一点同辽金建筑有相似之处。根据朴玉顺、陈伯超的观点，如此做的用意是突出大政殿的主体地位。

　　大政殿与十王亭这组建筑是沈阳故宫建筑群中最具民族特色的建筑。从整体布局上看，很像游牧民族出兵作战或野外围猎时驻扎大帐的形式。北部巍峨高耸的八角重檐式大殿，是驻军营帐中央汗王大幄的缩影；十座王亭方正规矩，体量略小，排列有序，共同烘托和护卫着大汗的权威。实际上，努尔哈赤在建国初就颁布了君臣共署国政的措施。凡遇军国大事，必集诸贝勒、大臣共同商议——凡集会"于衙门两旁，搭盖了八个凉棚，八固山的贝

图 2-5　十座王亭

勒、大臣们分坐八处"①。

从建筑布局上看，十座王亭分左右依次而建，形成以大政殿为中心的建筑群。此种布局体现了满族诸王贝勒和大臣共同参与政事的君臣共治的国家政治形态，也如《论语》中所讲，"譬如北辰，居其所而众星共之"，突出了汗王在政治生活中独一无二的地位。

二、皇太极时期盛京皇宫的进一步汉化

1626年，一代雄主努尔哈赤溘然长逝。其第八子皇太极即汗位，并于次年改元天聪。皇太极雄心勃勃，整顿内政，向外扩张，并于1636年仿照汉制，举行称帝典礼，将国号由"金"改为"清"，将年号由"天聪"改为"崇德"，从此开创了清朝历史的新纪元。

皇太极即位后，并没有住在原来努尔哈赤建造并使用的东路宫殿中，而是兴建了现在所谓中路建筑群。从天聪到崇德初期，中路宫殿群逐渐建成，但是建筑理念逐渐受汉族的影响，主要表现在"前朝后寝"的建筑格局上。到1637年，经过十年的经营建造，终于在盛京（沈阳）城中心位置矗立起规模庞大、气势恢宏的盛京皇宫（沈阳故宫）中路建筑群。

综上所述，努尔哈赤修建的东路宫殿中最重要的是大政殿和十座王亭，体现了君臣共治天下的政治形态。但是皇太极时期的中路宫殿群则完全按照汉人的传统修建，因此，在建筑格局上，采用中轴对称式布局，由南向北依次递进，使各个宫殿建筑有机地连成一体。由此可以看出，此时期诸王贝勒的地位已经完全变成臣子，再不复努尔哈赤时期的权力架构。

下面按照由南至北的顺序依次介绍中路宫殿建筑。

故宫中路最南端的建筑是皇宫的门户——大清门。大清门外东、西两侧矗立着高大的木雕琉璃顶牌坊：东为文德坊，西为武功坊。大清门以北是沈阳故宫的金銮殿——崇政殿。整座大殿全是木结构，五间九檁硬山式，辟有隔扇门，前后出廊，围以石雕的栏杆。殿身的廊柱是方形的，望柱下有吐水的螭首，顶盖黄琉璃瓦镶绿剪边；殿柱是圆形的，两柱间用一条雕刻的整龙连接，龙头探出檐外，龙尾直入殿中，实用与装饰完美地结合为一体，增加了殿宇的帝王气魄。此殿是清太宗日常临朝处理要务的地方。1636年，后金

---

① 中国第一历史档案馆：《满文老档（上）》，北京，中华书局，1990。

改国号为清的大典就在此举行。

　　崇政殿在使用功能上与大政殿有显著不同。首先，作为皇宫的正殿，崇政殿是皇帝日常临朝理政之处，也就是通常所说"上朝"的地方。在后金早期的宫殿制度中，俗称为"汗宫里的殿"或"内殿"。而大政殿则是举行较大规模的重要集会时的"大殿"，在一般情况下很少使用。从这个意义上说，崇政殿相当于皇帝的"办公室"，而大政殿则更像是一座"会堂"。其次，清太宗时期国家的重要典礼，如元旦和万寿节庆典，以及《太祖实录》告成、皇子娶妻、公主下嫁、明朝重要官员的归降等仪式，都在崇政殿举行；而大政殿则是元旦、万寿节等典礼的主要礼仪结束后大宴群臣的地方。最后，崇政殿也是皇帝接见、宴请外邦宾客之处。在皇太极时期，主要用以款待前来盛京进贡、朝觐、通婚的蒙古诸部贵族；举办国内庆典时的一些小规模宴会也常在这里举行。

　　在崇政殿前东、西两侧，建有数座厢房、厢楼。其中，在崇政殿东南侧，建有清初最重要的中央国家机构——内三院，也称内院，即内国史院、内秘书院、内弘文院。这三院在皇太极时期有着非比寻常的作用，主要表现在，皇太极利用内三院加强皇权，削弱了大小贝勒等满族贵族的权力，最终使得清王朝逐步走上中央集权的轨道。

　　崇政殿后面是后宫区域，其中包括著名的后宫门楼——凤凰楼、"台上五宫"（正宫清宁宫、东宫关雎宫、西宫麟趾宫、次东宫衍庆宫和次西宫永

图2-6　崇政殿

福宫）及其他建筑。在宫廷建筑中，后宫建在高大台基之上，明显与汉民族的传统相左。"台上五宫"等后宫建筑整体建在近4米高的大方平台上。此高台由砖石、沙土等砌成，台前建有20余级石台阶直通宫门。后宫建于高台，遵循"前朝后寝"格局。沈阳故宫崇政殿与后宫生活区的"高台建筑"形成了与北京故宫"殿高宫低"相反的"宫高殿低"的建筑格局，充分体现出女真人的居住习俗与汉族传统建筑风格的融合。

首先映入眼帘的是正门凤凰楼。凤凰楼建造在4米高的青砖台基上，三滴水歇山式围廊，顶铺黄琉璃瓦，镶绿剪边。此楼为盛京最高建筑，故被列为"盛京八景"之一，有"凤楼晓日""凤楼观塔"等名称。在原始社会时期，人们将房屋建到地面上，先是为了防避潮湿，再者感觉到居高临下、通风开敞的好处后，便逐渐选择在高爽处建造房屋。夏、商、周遗留的建筑大部分都建在较高的地方。春秋时期，各诸侯国出于政治、军事统治和生活享乐的需要，建造了大量的高台宫室，一般是在城内夯筑高数米至十几米的土台若干座，在上面建殿堂。这种高台建筑外观宏伟，位置高敞，满足对宫殿的要求。这是汉族宫殿建造独有的传统制度体系，对后世有深远影响。一直到明清，主要殿宇仍然建立在高大台基之上[①]。在盛京皇

图2-7　凤凰楼

---

① 中国科学院自然科学史研究所：《中国古代建筑技术史》，50页，北京，科学出版社，1985。

宫内，凡宫皆建在3米多高的高台之上，台周围环以围墙和巡逻更道，俨然一座封闭的城堡。这符合满族先人女真人长期生活在山区的传统生活习惯。努尔哈赤从在建州卫起兵开始，不论是在建州老营、赫图阿拉、界藩山城、萨尔浒山城，还是在辽阳东京城，都把生活区的宫室建在山地之上或半山坡上。一方面，是生活习惯的原因；另一方面，在高处便于瞭望敌情，时刻警惕来犯之敌，保护自身安全。沈阳地处平原，兴建者遂以人工堆砌高台，然后于高台上建盖宫室。后宫的门户——凤凰楼——高3层，是整个皇宫的制高点。上层梁架饰红地金龙彩画。中层室内开花为梵文、凤凰及篆书"万寿无疆"图案，帝后经常在此读书或小憩。下层为内宫门，是出入宫区的通道。前有数十级台阶通往台下。登上凤凰楼，整个盛京城全景可尽收眼底。

　　从凤凰楼底层大门入内，就到了沈阳故宫真正的后宫区域。这里的建筑呈倒凹形分布，正北建筑为正宫清宁宫，在其前面东西两侧分别排列着东、西宫和次东、次西宫。清宁宫为东北地区典型的"口袋式"房屋，其西面四间是连成一体的大开间，清宫萨满教祭祀和皇太极的家宴均在此举行。"台上五宫"的五座宫室均为五间前后廊硬山式建筑，清宁宫东西两侧的配殿则均为三间前后廊硬山式建筑。所有后宫建筑的屋顶均满铺黄琉璃瓦镶绿色剪边，正脊、戗脊、走兽皆由五彩琉璃制成。除清宁宫为东次间开门，具有满族传统民居的建筑形式外，其他四宫和东、西配宫均为正中开门。另外，台上宫殿建筑的窗户均制成一码三箭直棂式，这也是沈阳故宫最具满族民居特

图2-8　清宁宫

色的窗户样式①。

清宁宫是太宗皇太极和皇后博尔济吉特氏居住之处，这里是整个宫殿的核心。清宁宫是五间硬山顶前后廊式建筑，除了殿顶的琉璃瓦和檐下的彩画外，没有过多的外部装饰，作为"内廷正寝"可以说相当朴素。清宁宫最大的特点是具有满族传统建筑的典型风格，通常将其概括为"口袋房、万字炕、烟囱建在地面上"。

所谓"口袋房"，也称"筒子房"。清宁宫五间房的屋门不是开在正中一间，而是开在东侧第二间，而且室内西侧四间不设间壁墙，就像从一端开口的口袋，与汉族地区比较多见的中间开门式"一明两暗"或称"钱褡子房""挑担房"有着显著的区别。此种格局来源于满族早期只设一个出入口的"地窨子"式住宅，也与过去满族以一家几代同住一室为家庭和睦象征的观念相吻合。目的在于增大室内空间，便于举行祭祀、宴会等活动。

"万字炕"也称"蔓枝炕""弯子炕""转圈炕"，即正房内搭设南、西、北三面转角相连的火炕，其中南北两面炕较宽，供人起居坐卧，俗称"对面

图2-9 清宁宫"万字炕"

---

① 栾晔、李理：《从沈阳故宫宫殿建筑看满汉文化的交融》，载《沈阳建筑大学学报（社会科学版）》，2010（2），166～171页。

炕"。其长度根据所在房间的面宽，又有"连二炕""连三炕"之分。清宁宫内的炕设于西侧三间，即为"连三炕"。西炕较窄，一般不住人，供摆放祭器等物品使用；因其上方的西墙是安设祭神祭祖的神位之处，故西炕既不可随意坐卧，也不能乱放杂物。所以满族民间有正房内"以南为大"（南炕供长辈居住）、"以西为尊"的说法。"万字炕"是长期生活在东北地区的少数民族适应当地冬季严寒气候的创造，早在满族先世金代女真人时期就已被普遍采用，至今在东北地区农村仍然十分常见。

清宁宫连接火炕烟道的烟囱建在房后西侧，是从地面起建的而不像汉族住宅那样建在屋顶。这种形状类似小塔的烟囱满语称作"呼兰"，早年在山区是用中间被虫子蛀空的大树的树干做成的，日久开裂，再用藤条捆缚，外涂黄泥，既简便实用，又利于防风防火。进入汉族居住区后，满族住房仍沿用这种烟囱，只不过改用土坯和砖砌筑。清宁宫的烟囱截面为方形，由下至顶逐级上收，共12层，有人传说这是象征清朝共有12位皇帝。此外，由于现在沈阳故宫内只保留下这一座烟囱，又有人说这是当年皇帝特意安排的，其用意是"一统（筒）天下"。

除上述主要特征外，清宁宫还有一些具有满族早期特点的地方。如室内地面下留有烟道，成为冬季可以烧火取暖的"火地"；前后窗棂都只用横直相交的"码三箭"式，显得朴素大方；室内的间壁墙结实厚重，上部用木板草泥做成"拉合墙"；等等。这些都是适合满族人的传统生活习俗而形成的特色。

清宁宫室内被间隔成两部分。东侧第一间是皇太极和皇后的寝居之处，室内靠窗设炕。史书记载，清崇德八年（1643）八月初九日，清太宗皇太极就是在这间屋子里"端坐无疾而终"的。东侧第二间搭设烧炕和祭祀时煮肉用的锅灶。北面窗下设两口大锅，南面宫门旁设一口锅（其在祭祀时的用途详见后述）。西侧三间通连，搭设"万字炕"，是室内的主要使用空间，除供帝后日常饮食起居外，还有其他用途。其与皇帝处理国家政务有关的用途主要有以下两个方面。一是召见王公大臣议事。这主要是在非朝会日或有重要事情时召集一个或几个王公官员的场合，皇帝传旨让他们进内廷奏事并面授机宜，被召见者大都是深受信任的亲贵重臣，所商议的也往往是紧急或机密的事务。二是宴请重要宾客。当时一般的宴会都是在大政殿或崇政殿举行的，但逢有特别身份的客人或重要的节日，皇帝就要在自己的"家"——清宁宫——中摆酒席款待，以示重视和亲近。如皇太极的皇后和几个地位显赫的皇妃都出身于蒙古贵族之家。每当她们的父母兄弟来盛京时，皇帝除在殿里举行"国宴"外，一般都要将其请入清宁宫中，另外再举行一次家宴。逢皇室其他成员与蒙古贵族结亲，皇帝也常把接亲或送亲的"亲家"请入清宁宫特别招待一番。另外，有时皇帝和王公大臣陪同男性蒙古客人在崇政殿进宴，皇后和妃子们则在清宁宫设宴款待其女眷。另一类在清宁宫里举行的宴会就是春节时的家宴。参加者是皇帝的近支伯父、叔父和兄弟子侄。这时的皇帝既是一国之主，也是一家之主。席间，众人要向皇帝行君臣之礼，皇帝和皇后也要亲自给长辈和兄长们敬酒拜年，行家族之礼。尽管其中的一些人平时可能有很深的矛盾，但在这家族欢聚的场合，也显现出浓浓的亲情。此外，皇太极还在清宁宫宴请过一些归降的明朝高级官员。能被皇帝在家中设宴相请，对这些人来说，当然是永生铭记的莫大荣耀，他们自然也就会感激涕零，尽忠效力。由此也可以想到，清宁宫里的任何一次宴会，都不是单纯地被皇帝请到家中做客，而是具有特定政治意义的"国事活动"。

除召见官员和宴客外，清宁宫还有一项十分重要的职能，就是其西侧四间也作为宫内举行萨满祭祀的场所，因此，也有人称之为"神堂"。萨满教是一种以信奉"万物有灵"为特点的原始宗教现象，也是满族自氏族社会就有的信仰习俗。萨满教祭祀分为在山林田野中进行的"野祭"和在住宅内进行的"家祭"两类。过去的满族人家住房中，都在西墙正中安设祭祀神位，民间称之为"祖宗板子"，即祭神祭祖的供位，清宁宫内也是如此。在室内西炕中间的墙壁上，设有前挂黄幔的"扬手架"，就是供神之处。

皇太极时期清宁宫内的祭祀可分为"常祭""大祭"两类。其中，大祭是比较隆重的。在民间，多是在春秋两季各举行一次，也有只在秋冬季节举行的。在宫廷中，由于不受物质条件的限制，则要更频繁一些。除每月的祭祀外，逢元旦（正月初一）和大军即将出征作战之前等时候，也都要祭祀，以求得神灵的保佑。大祭包括朝祭、夕祭、背灯祭和祭天（还愿）等类型：朝祭、夕祭及背灯祭于清宁宫室内举行，而祭天（还愿）则在清宁宫室外的庭院举行。清宁宫朝祭神位设于宫内西墙正中，夕祭神位设于宫内北墙西部。神龛有架，上悬黄幔，下置神板，用来陈设祭祀用品。

朝祭时供奉释迦牟尼、观音和关羽等神佛，夕祭时供奉本氏族的部落神和祖先神等传统神灵。清宁宫祭仪的主持者是爱新觉罗皇族的"家萨满"，他们被视为能在神与人之间进行沟通的使者，熟悉祭神的仪式，会演唱神歌和表演请神、酬神的舞蹈。祭祀时，他们戴神帽、扎神裙、系腰铃，手持神刀神鼓，颇具原始时代的遗风。祭祀前数日，备办糕饼和米酒等供品。至祭祀之日，清晨，先供糕饼。皇帝身着吉服，面向室内西侧神位跪下。萨满手执神鼓、神刀，系腰铃，边舞边用满语唱（念）神歌神词；诸护卫人等击拍板、弹三弦、琵琶、月琴等伴奏。萨满祭毕，皇帝向神位行叩拜礼。随后进牲，即将家养黑色无杂毛公猪一口抬入清宁宫内，置于西炕前神案上，皇帝等再次向西而跪，由主祭萨满将凉水或酒灌入猪耳内，若猪摇头则认为神已"领牲"，皇帝等叩头谢神。然后将祭猪去毛皮、头、蹄、内脏等，按照部位分卸为若干大块，置室内北炕东侧大锅内煮之，半熟时捞出，以全猪形奉于供案。萨满仍如前领祭，有献祭肉、献香、献酒等仪式（夕祭时，尚有熄灯而祭的仪式，称为"背灯祭"）。皇帝等随之叩拜行礼。待将祭肉重新置于锅内煮熟后，切成大块分给参祭者；众人用自带的解食刀割食，称为"食胙"，俗语为"吃福肉"。这种祭礼在满族人看来特别重要，所以，清朝入关后，皇帝也将其带到北京宫中。为了适应祭典的需要，顺治年间，还特意按照清宁宫的格局，将北京宫殿的中宫——坤宁宫——进行了改造，直至1924年逊帝溥仪离开故宫之前，坤宁宫的萨满祭祀始终没有间断过，足见其影响之深。

在清宁宫院庭内西南正对宫门的地方，有一根安放在石头底座上的红漆木杆，高近3米，下粗上细，顶端套一只锡碗，这就是过去满族院落中常见的索伦杆，俗称神杆。下面说说它的实际用途。

满族的萨满家祭分为祭神和祭天两部分。其中，祭天也称作"还愿"，即对平时遇到的很多事情祈求天神（满语称"阿布凯恩都里"）保佑。祭祀时，用行礼和上供来酬谢。索伦杆就是祭天时的崇拜物，所以民间称"祭杆子""立杆大祭"。皇太极时期，祭天的场所主要有两处：一处是盛京城东门外的"堂子"；另一处是清宁宫前。这种典礼通常在室内祭神大典的第二天举行，供桌就摆放在神杆前。按照风俗，每次祭天典礼时，都要换一根新的索伦杆，而且必须由男主人（在宫内即为皇帝）亲自从山林中砍来；一般以松木为多，并且要求长短粗细合适，笔直无弯，这样才能表现出对神的虔诚。

祭天典礼仍由萨满来主持，萨满还要念满语的祭文。包括皇帝在内的参加者都到神杆前的庭院中。所用的供品除了猪之外，还有装在碗里的米和米饭等。杀猪时，仍需领牲，但吃肉的程序略有不同。比较明显的区别是，要在院内支一口锅，将"拿件"的碎肉煮熟后放在碗里摆供；祭祀后，倒入锅内，连米饭加佐料一起煮成"小肉饭"。按照风俗，不仅参加祭祀的人食用，外姓人只要在索伦杆前磕头也可同吃，而且吃得越多主人越高兴，吃完后，还不必道谢，体现出狩猎民族的原始遗风。当然，宫内祭典很难有普通的外姓人在场，参加的都是经皇帝特许的一些大臣、侍卫。在祭天仪式中，后妃等女眷在清宁宫内面向神杆行礼，她们的"小肉饭"也是在室内食用。至于其后的吃"大肉"程序，则与室内祭神时基本相同。

更换索伦杆，也要有一些仪式。要将祭猪血涂在杆尖上，并把猪喉骨套在顶端，再将猪内脏等切碎放入锡碗中，以备饲喂乌鸦，然后才将新杆在石座上立好。至于为什么满族人祭天要立这种神杆，按照比较通俗合理的解释，因为这根高杆与"天神"的距离自然要比在地面上的人近一些，放在锡碗里的祭肉由在天上飞的乌鸦等鸟类叼去，人们也宁愿相信它们能够把自己的心意带给凡人无法见到的"天神"，由此得到心理上的安慰。

清帝迁都北京后，清宁宫的萨满祭祀并未就此绝迹。乾隆皇帝第一次来到盛京，就在清宁宫举行了隆重的祭神祭天仪式，并将其列为以后皇帝东巡盛京期间必行之事，正式载入《大清会典》中，此后便循例而行。现在，宫内保留的"万福之源""合撰延祺""清宁宫敬记"等乾隆、嘉庆、道光御书匾额，就是当年他们在此留下的实物见证。

皇太极时期的内廷宫区，除清宁宫外，还有6座配宫。其中，4座位于清宁宫前东、西两侧，分别是皇太极改元称帝后晋封的4位皇妃的寝宫，即东宫关雎宫住宸妃、西宫麟趾宫住贵妃、次东宫衍庆宫住淑妃、次西宫永福宫住庄妃。这4座配宫的建筑样式几乎完全相同，都是五间硬山琉璃瓦顶前后出廊式，但其宫门并不像清宁宫那样开在偏左的一侧，而是开在正中。入内后，明间仍搭设锅灶，而且和南侧两间相连，形成外三间里两间的室内格局。在其内外屋，都设有贯通两间的"万字炕"：因是厢房，东、西炕较宽，用以住人；南（北）炕则类似正房中的西炕，只用作摆放物品和供具。

虽然这4座配宫在建筑样式和装饰等级上都是相同的，但从实际情况看，根据各宫所在位置不同，其主人的地位还是有差别的。具体地说，应是东高于西、北高于南，即东宫地位最高，西宫第二，次东宫第三，次西宫最后。史书中称这四宫主人的封号分别为东大福晋（"福晋"为满语，"夫人"之意）、西大福晋、东侧福晋、西侧福晋，这也证明了其身份不同。

清宁宫北面两侧还各有一座较小的配宫，均为三间硬山琉璃瓦顶前后廊式建筑。它们也建于清入关之前，但并没有被命以文雅好听的名字，而只是按照其所在位置被称为"东配宫""西配宫"。关于其在皇太极时期的使用情况，史书中并没有具体记载。只是在乾隆年间的一些档案中提到，皇帝东巡时，曾在这里备办清宁宫祭祀所用的糕、酒等供品。这2座房子都是与前面4座配宫一样的黄、绿琉璃瓦顶装饰，不可能是宫女、太监等下人居住之处，据分析，应是皇太极地位较低的妃子的寝宫。其主人因为远不如关雎宫等宫中4位皇妃那样显贵，所以住在后面的小宫里，而且在历史上也没有专门的记述。

清崇德二年（1637），盛京皇宫大清门前东西两侧文德坊、武功坊竣工，这标志着清入关前沈阳故宫中路建筑全部完成。沈阳故宫表现出来的以满族自身特色为主、融入汉文化风格的特征，正说明了满、汉之间的相互融合、相互促进。

三、乾隆时期沈阳故宫的扩建

1644年，顺治皇帝迁都北京，盛京皇宫的建设也随之停止。但是，定鼎中原之后的清政府并没有像对待赫图阿拉、辽阳东京城宫殿那样将盛京皇宫废置不用——前者大量建筑因为年久失修而遭到彻底破坏。主要原因在于东北地区对于清王朝的特殊地位，以及清帝东巡制度的影响。

东北地区是清王朝的发源地，见证了清王朝由弱小到强大再到统一中原的过程。这里埋葬着清皇室的历代先祖，是清八旗子弟兵的兵员补充地，因此，从政治角度来讲，东北地区对于清王朝具有不同的意义。从经济角度来说，清皇室和八旗组织在东北地区占有大量的庄园，控制着东北地区特有的物产，如人参、兽皮、东珠、木材等，故而经济利益也是清王朝重视东北地区的主要原因。从军事战略角度来看，东北地区东接朝鲜、南濒外海、西接蒙古、北临俄罗斯，是北京的门户，战略地位非常重要。

清帝东巡制度也是影响沈阳故宫的重要因素之一。清康熙十年（1671），清圣祖玄烨首创东巡之举，远赴东北祖宗龙兴之地，拜谒永陵、福陵、昭陵3座祖陵，到盛京旧宫观瞻和祭奠，由此形成清帝东巡的定制。从康熙朝开始，经乾隆、嘉庆、道光诸朝，在150多年里，4位皇帝共9次东巡盛京。在参拜后，均于盛京皇宫举行告成大典，极大地提高了祖先宫殿的地位。其中，最重要的就是乾隆年间在此进行的一系列增建和改建。

根据清代宫廷档案的记载，从顺治入关至乾隆初年，盛京宫殿与清太宗时期相比，并无大的变化，只是进行例行修缮而已。究其原因：一是当时国家财政尚不宽裕，没有过多的资金用于对"先皇旧宫"的修饰；二是其间虽然有圣祖玄烨于清康熙十年（1671）、二十一年（1682）、三十七年（1698）先后3次东巡，但在故宫只是以观瞻凭吊为主，并无固定的驻跸和典礼活动，也就没有必要对其进行增建和改建。至乾隆时期，情况开始发生变化：一方面，国内经济形势好转，库帑充盈；另一方面，乾隆好大喜功，且对祖先宫殿感情深厚，所以，从乾隆八年（1743）第一次东巡盛京亲临故宫起，便决定在这里重兴土木，进行增修扩建。

考察相关史料记载，结合沈阳故宫建筑的实际状况分析，乾隆初年进行沈阳故宫增修扩建工程的原因大致有三个方面：一是增建东巡驻跸行宫；二是收藏《实录》《玉牒》等宫廷文献；三是对旧宫作必要的增饰和改造。

乾隆时期增建的盛京宫殿主要有沈阳故宫中路建筑两侧的东、西所，崇政殿前部东西侧的飞龙阁、翔凤阁及两阁后面的东、西七间楼，崇政殿后部东西侧的日华楼、霞绮楼和师善斋、协中斋，中路前部改建的盛京太庙，西路建筑的戏台、嘉荫堂、文溯阁、仰熙斋等。

东、西所位于沈阳故宫中路建筑的东西两侧。其中，东所俗称东宫，是皇帝东巡时随驾的皇太后临时驻跸的宫殿，内有颐和殿、介祉宫、敬典阁等建筑；西所俗称西宫，是皇帝东巡时与随驾后妃临时驻跸的宫殿，内有迪光殿、保极宫、继思斋、崇谟阁、七间楼等建筑。东、西所建筑位于崇政殿和"台上五宫"两侧，除与清朝帝后东巡驻跸实用有关，还是北京故宫东、西六宫建制的一个缩影，是清中期完善盛京宫殿设施的一个组成部分。

飞龙阁、翔凤阁及东、西七间楼等建筑分别位于崇政殿前面的东西两侧，两阁均为面阔五间硬山式厢楼。这里分别庋藏着清康熙年间至道光年间陆续由北京送到盛京储藏的各类内府宝物。其中，飞龙阁上层储藏清朝历代皇帝御用兵器、鞍辔、武备等物，下层储藏清宫内府收藏的古代珍贵青铜彝器；翔凤阁上层储藏清宫内府收藏的历代名家书画及清帝御笔字画，下层储藏盛京皇宫各宫殿及夏园、广宁行宫等处备用的御用陈设、珍宝等物品。飞龙阁、翔凤阁后面分别建有东、西七间楼，也为前出廊二层硬山式建筑。其中，东七间楼藏有康熙、雍正、乾隆年间御窑厂烧造的各类圆琢瓷器，西七间楼保存有清代殿版书籍、墨刻碑帖及官府衙门档案等物[1]。

---

① 铁玉钦：《盛京皇宫》，北京，紫禁城出版社，1987。

盛京太庙位于沈阳故宫中路建筑最前部的左侧，此处在明代原为道教三官庙，并一直被清宫沿用。清乾隆四十三年（1778），清高宗弘历第三次东巡盛京时，为恢复留都坛庙之制，"命重修盛京天坛、地坛，移建太庙于大清门东"，从而实现了传统意义上的"左宗庙"古制。盛京太庙建在独立的2米高台之上，形成封闭的四合院。此组建筑包括太庙正殿，太庙门，太庙东、西配殿及两个配殿耳房，院内西北角处建有焚帛砖楼。太庙建筑的屋顶满铺黄琉璃瓦，这与盛京皇宫各主体建筑均为黄绿琉璃瓦形成鲜明对比，同时与中原王朝传统的色彩理念相统一，最大限度地提高了皇室家庙的特殊地位。

在清乾隆四十六年（1781）以前，盛京宫殿分为两部分，即东侧的大政殿区域和西侧的大内宫阙区域。清乾隆四十六年，为在祖先宫殿储存《四库全书》，乾隆皇帝命于盛京旧有宫殿之西建造专用藏书楼文溯阁及其配套建筑。竣工后，形成盛京宫殿新的区域——西路。关于文溯阁的建造时间，清代官书中多记为乾隆四十七年。文溯阁为西路主体建筑，仿浙江宁波明代范氏著名藏书楼天一阁而建，专供存放《四库全书》之用。二层硬山式黑绿琉璃瓦屋顶，面宽六间，其中西侧一间较窄，为楼梯间。阁内三层，《四库全书》《古今图书集成》按照书架编号分排各层。阁东碑亭内有乾隆御制文碑，碑阳为《文溯阁记》、碑阴为《宋孝宗论》，均满、汉文合璧书刻。

盛京宫殿自1625年兴建，到清乾隆四十八年（1783）最后一批增扩建工程竣工，其建筑活动经历清入关前后两个时期，持续150多年，最终形成几个时期宫殿建筑并存的积累式面貌。文溯阁等西路宫殿建成后，直至终清之时，这里的建筑未再有明显变化。下面根据清代文献记载，结合沈阳故宫现存古建筑，对清代盛京宫殿建筑面貌作以总览式的叙述。

（一）东路（清代总称为"大政殿"），次序由南至北

东奏乐亭（或称音乐楼，西侧同）一座（注：依清代档案例，亭式建筑不计间，下同）、西奏乐亭一座。（东侧）正蓝旗亭一座、镶白旗亭一座、正白旗亭一座、镶黄旗亭一座、左翼王亭一座。（西侧）镶蓝旗亭一座、镶红旗亭一座、正红旗亭一座、正黄旗亭一座、右翼王亭一座。大政殿一座、銮驾库七间（后增建为十三间）。

（二）中路（清代除大清门南诸建筑外，总称为"大内宫阙"），次序由南至北

（1）大清门南。黄绿琉璃照壁一座（各建筑瓦件照《盛京通鉴》卷七

"内务府应办事宜"所记)。（东侧）筒瓦朝房五间、筒瓦楼房（或称果楼）五间、南布瓦司房四间、北布瓦司房三间、黄绿琉璃东奏乐亭（或称音乐楼，西侧同）一座、黄绿琉璃文德坊一座。（西侧）筒瓦朝房五间、筒瓦果房五间、南布瓦耳房四间、北布瓦耳房三间、黄绿琉璃西奏乐亭一座、黄绿琉璃武功坊一座。

（2）盛京太庙。宫门三间、东便门（或称角门，西侧同）一座、西便门一座、东值房（或称顺山房、耳房，西侧同）两间、东配殿三间、西值房两间、西配殿三间。正殿（或称大殿）三间。以上均铺黄琉璃瓦。

（3）崇政殿南。大清门五间、东翼门（或称便门，西侧同）一间、西翼门一间。此三处铺黄绿琉璃瓦。（东侧）筒瓦飞龙阁五间、布瓦东七间楼（又称磁器库）七间、筒瓦井亭一座。（西侧）筒瓦翔凤阁五间、布瓦西七间楼（又称档子库、书籍墨刻库）七间、布瓦转角楼十一间。崇政殿五间、左翊门三间、右翊门三间。此三处铺黄绿琉璃瓦。

（4）崇政殿北。（东侧）日华楼三间、师善斋五间。（西侧）霞绮楼三间、协中斋五间。此四处均铺筒瓦。凤凰楼三间。（东侧）衍庆宫五间、关雎宫五间、东配宫三间。（西侧）永福宫五间、麟趾宫五间、西配宫三间。清宁宫五间。此八处均铺黄绿琉璃瓦。

（5）清宁宫北。（东侧）布瓦碾房三间。（西侧）布瓦磨房三间。布瓦仓房二十八间。〔仓房后〕（东侧）神堂处官房一座。（中）值房三间。（西侧）神堂处官房（或称阿姆孙房）二座共十四间。

（6）东所。宫门一座、东值房（又称阿哥所，西侧同）三间、西值房三间、垂花门一座、颐和殿三间、东净房一间、介祉宫五间。以上均铺黄绿琉璃瓦。〔介祉宫后〕东角门一座、西角门一座、黄绿琉璃宫门一座、黄绿琉璃敬典阁三间。

（7）西所。宫门一座、东值房三间、西值房三间、垂花门一座、东配殿三间、西配殿三间、迪光殿三间、西净房一间、东西游廊十八间、保极宫五间、穿廊三间、继思斋九间、崇谟阁三间。以上均铺黄绿琉璃瓦。宫门东角门一座、西角门一座。垂花门东角门一座、西角门一座。继思斋东筒瓦值房三间、西筒瓦值房三间、崇谟阁北筒瓦七间楼（俗称"后罩殿"）。

（三）西路（清代统称为"文溯阁"），次序由南至北

（1）戏台区域。围房十七间、办戏房（或称扮戏房）五间、戏台（或称戏楼）一座、东看戏房七间、西看戏房七间（以上直廊或与两端六间耳房合称围房或"东、西转角游廊二座各十三间")、嘉荫堂（俗称"看戏殿"）五间。以上均铺筒瓦。[办戏房侧]东耳房三间、西耳房三间。[嘉荫堂侧]东耳房三间、西耳房三间。[看戏房后]东值房三间、西值房三间。

（2）文溯阁区域。黄绿琉璃宫门三间、黑绿琉璃文溯阁六间。碑亭一座、仰熙斋七间、斋东耳房二间、斋西耳房二间、东西游廊二十五间。以上均铺黄绿琉璃瓦。九间殿（俗称"罩殿"）九间、东净房二间、西净房二间、东配房三间、西配房三间、殿后东值房三间、殿后西值房三间。以上均铺筒瓦。

（3）中、西路间更道区域。值房二间、筒瓦南值房七间、西所西游廊门一座、文溯阁东宫门一座、宫门南筒瓦值房三间、宫门北筒瓦值房三间、筒瓦北值房七间、北值房之北筒瓦二间值房共三座、二间净房一座。

以上所述仅为宫殿范围内有较确切记载或标示者，共一百三十余座。还有一些值房、随墙门等，因经常变化而未计入。此外，清代在宫殿四周尚有堆拨房（巡逻卫兵等值班之处）多座。其中，文德坊、武功坊外各一座（均为两间），系为盘查出入宫殿区域人等专设。在大清门西、转角楼南区域，有值房三座（二厢一正）。在戏台南区域（今俗称轿马场），尚有值房三间、官房七间，也应是直接为宫殿服务的。上述建筑中的主要宫殿都保存至今，附属建筑也大部保留，只有约20%的建筑因较少使用和年久失修，在民国年间被拆除①。

第三节 装饰纹饰

中国古代建筑的装饰丰富多彩，蕴含着古代工匠们的独特智慧。沈阳故宫建筑外部及内部装饰均体现了这一点。尤为特殊的是，中国古代建筑装饰作为中国古代建筑文化的重要组成部分，还要受到整个历史大背景的影响。当然，满族自身拥有独特的民族文化，其建筑风格及装饰艺术也不能不受到

---

① 武斌：《清沈阳故宫研究》，71～73页，沈阳，辽宁大学出版社，2006。

影响。清朝统一全国后，又接受汉民族传统的建筑技艺，逐渐形成了带有满、汉融合及多民族融合气息的独特建筑装饰艺术。

沈阳故宫建筑装饰纹饰按照取材内容不同，可分为动物纹和植物纹等。

一、动物纹

动物纹样在整个沈阳故宫建筑装饰纹饰题材中所占比重较大，包括龙、凤、狮子、兽面、羊、鹤、鹿、蝙蝠等，其中以龙、兽面、狮子的动物纹样最具代表性。

（一）龙纹

龙是中华民族的图腾，中华儿女常常称自己为龙的传人。但是在中国古代，龙作为皇帝的象征已经成为不可撼动之尊，平民百姓如果使用任何与龙有关的物品，均视为僭越。故此，作为建筑装饰纹饰的取材内容，龙的使用范围仅限于皇宫。

龙在沈阳故宫建筑装饰纹样中占有很大比重，可以说无处不在。石栏杆望柱头上有雕龙，廊下柱子上有木雕盘龙，檐下有龙形抱头梁，檐下彩画里有行龙、升龙、降龙、坐龙，屋脊、博风上有五彩琉璃行龙，等等。不仅龙本身存在于建筑各部位的装饰里，龙的子孙也加入了装饰行列。屋脊两端的龙吻、屋脊顶端的走兽、宫门上的铺首、台基上的螭首等，据说都是龙的儿子，正所谓"龙生九子，各司其职"。

图2-10 崇政殿正脊"龙"形象

　　大政殿外观最显著的特点是正南向入口处有两根木雕蟠龙柱，龙头上扬，出于柱外，张牙舞爪，十分凶猛生动，充分地显示出"龙威"，即天子之威。殿内藻井中有浑金的雕龙。崇政殿，俗称金銮殿，为皇太极日常临朝之地，面阔五开间，硬山顶。全殿布满了龙饰。其正脊、垂脊、博缝、墀头均饰以蓝色行龙五彩琉璃饰，龙首均向上。殿下台基栏杆的望柱、栏板都雕满龙纹。檐柱和金柱间的穿插梁变成一条行龙贯穿室内外，檐下梁头雕为龙头，梁身雕为龙身，室内梁头雕为龙尾。全部龙首组成三组二龙戏珠图。崇政殿宝座设亭式堂陛，其前方凸出两柱上各有一条木雕蟠金龙，龙尾在上，龙首在下，但扬起向内，姿态十分凶猛生动，与大政殿双龙首尾正好相反，形成艺术上的对照。

　　明清对于龙纹的应用极其严格，皇宫、皇陵等建筑装饰采用的龙纹必须是五爪龙，王公、大臣以下用的龙纹为三爪龙或四爪龙。沈阳故宫内仅有两处四爪龙，即在崇政殿室内七架梁上及柱子上面所绘的金龙为四爪龙，其他建筑及崇政殿其他部位上的龙均为五爪龙。

　　（二）兽面纹饰

　　在沈阳故宫的建筑中，大政殿、崇政殿、大清门等主要建筑檐柱（也包括室内）的柱头上装饰有兽面雕饰。

　　此种兽面纹形象，兽面环眼圆睁，宽鼻狮口，头顶一对卷曲犄角（类似于羊角），背衬镂空卷云图案，兽头两侧各有一只下垂的人手形雕饰。这种兽面装饰成为沈阳故宫的一个重要标志。

图2-11　大政殿前石狮子

（三）狮子纹

中国人历来把石狮子视为吉祥之物。在中国众多的名胜中，各种造型的石狮子随处可见。古代的官衙庙堂、豪门巨宅大门前，都摆放一对石狮子，用以镇宅护卫。直到现代，在许多建筑物大门前，这种安放石狮子镇宅护院的遗风不泯。

大政殿前东西两侧置石狮一对，为乾隆十一年（1746）奉旨由崇政殿前移至此处。石狮通高 1.5 米，底座高 0.47 米、长 0.76 米、宽 0.62 米。石狮及底座均采用黑灰色石料，与沈阳故宫早期建筑各宫殿柱础为同类材质。狮身造型具方正平直之意，狮首不是向前而是扭颈向内，右侧雌狮左爪下及后背各有一幼狮，左侧雄狮右爪下及后背各有一绣球，姿态生动，刻工简练。

除了上述动物纹样以外，还有羊、凤、鹤、鹿、蝙蝠等纹样。"羊"与"祥"谐音，用羊作装饰具有吉利、祥瑞的含义，在建筑装饰中的应用广泛。鹤是古人尊崇的长寿之鸟，用作装饰以示长寿。"鹿"与"禄"谐音，用鹿作装饰寓意长享禄位及表示长寿和国家昌盛。蝙蝠的"蝠"与"福"谐音，用蝙蝠作装饰具有大富大福的含义。这些装饰纹样被广泛地应用于沈阳故宫建筑的彩画、石雕、木雕等各种装饰中。

二、植物纹

沈阳故宫的建筑同样也有很多植物题材的装饰，包括梅、兰、菊、荷、莲、卷草等。

（一）莲花纹

历代诗人赞美莲花"出淤泥而不染，濯清涟而不妖"，中通外直，把莲花喻为君子，给予圣洁的喻义。莲花也称荷花。它那一茎双花的并蒂莲，是人寿年丰的预兆和纯真爱情的象征。在百花中，它是唯一能花、茎（藕）、种子（莲子）并存的。莲花主要象征着美、爱、长寿、圣洁。

在沈阳故宫，用莲花作装饰的建筑很多，尤其是早期建筑中的莲花装饰更为广泛、更加形象。将盛开的莲花用作天花彩画的圆光；将多莲瓣用作柱础、柱头的装饰；彩画图案中有朵莲、缠枝莲；大政殿石雕栏杆及各宫殿山墙透风砖上，大政殿、崇政殿、大清门檐枋上，清宁宫五彩琉璃脊饰，中路东、西所建筑中的垂花门，莫不有千姿百态的莲花纹饰。

（二）稻草、谷物纹

清宁宫室内檐枋彩画中的垫板彩画的题材比较特殊，为红地青、绿卷草束缚连接沥粉贴金稻草、谷物，这在沈阳故宫装饰题材中是绝无仅有的。

（三）缠枝花卉、卷草纹

缠枝纹以各种花草的茎叶、花朵或果实为题材，以涡形、S 形、波形形式构成。卷草纹则由花草的茎、叶组成。由曲线或正或反地相切，或成连续的波形或向四周作任意（适合）延伸，即成连续纹样或单独纹样。

沈阳故宫装饰中大量采用缠枝花卉、卷草植物纹样：在石雕栏板、望柱上，在大木梁枋及各处的彩画上，在早期建筑屋脊的琉璃雕饰上，均可见到这些植物纹样。

沈阳故宫的每一座宫殿建筑都或多或少、或深或浅地蕴含着女真（满）族、汉族或者其他少数民族的文化理念。这些不同的文化相互交织，构成今天沈阳故宫别具特色的文化景观。沈阳故宫不仅吸引全国乃至世界各地的观众前来参观，而且通过物化的形式向人们讲述着清代满汉文化交融的历史。更为重要的是，蕴含其中的官式古建筑营造技艺为当下提供了不可多得的技艺传承。沈阳故宫，这座具有悠久历史的宫殿建筑群，见证了不同民族由物质和谐最终实现精神和睦的发展进程。

第四节　建筑彩画

在我国古代建筑中，除建筑构造让人驻足之外，其内外檐部绘就的色彩斑斓、构图庄重典雅的彩画也是吸引人们注意力的重要部分。因为有了彩画，那些历经风雨的古建筑仍然可用金碧辉煌来形容，并且拥有一种豪放而赫然的气势。

沈阳故宫的建筑彩画独具特点，尤其是在清入关之前修建的大政殿彩画，在经历了历代增建与装修之后，其风格和特点既不同于清代官式做法，也有别于同时期的其他东北地区的建筑，形成了兼具多民族特征的建筑艺术，十分罕见。

沈阳故宫建筑彩画独有的特征按照当前学术界的观点，可分为以下几点①。

第一，将元、明、清三个时期的画法种类混而为一。大政殿整个外檐装饰"旋子""和玺"混合型且等级较高的彩绘图案，整体布局特殊。

旋子彩画，俗称学子、蜈蚣圈，等级仅次于和玺彩画，其最大的特点是在藻头内使用了带卷涡纹的花瓣，即旋子。旋子彩画最早出现于元代，明初即基本定型，清代进一步程式化，是明清时期汉族建筑中运用最为广泛的彩画类型。和玺彩画，又称宫殿建筑彩画，这种汉族宫殿建筑彩画在清代是一种最高等级的彩画，大多画在宫殿建筑上或与皇家有关的建筑上。和玺彩画根据建筑规模、等级与使用功能的需要，分为金龙和玺、金凤和玺、龙凤和玺、龙草和玺、苏画和玺等五种。和玺彩画的使用有较多的讲究：凡画这种彩画者，在明间是上蓝下绿；在明间两旁的次间、梢间则上下互换分配，次间上绿下蓝，梢间又上蓝下绿。廊内"掏空"，穿插枋、抱头梁、老檐檩、枋等，基本上都绘旋子彩画；而檩下每面的小汇间挑檐檩、枋等，又饰和玺彩画。每面明间额枋上都是旋子彩画。盖头枋是行龙、火焰珠、流云，属于和玺装饰。坐斗枋又都是带有浮雕的流云"二龙戏珠"图案，特点是龙身上有流云遮盖，露出龙头、龙尾和部分龙体，采用间隔贴金的做法，这样做的目的是节省材料。大政殿的彩画是典型的元代画法，盛行于清初至乾隆年间。

将雕刻与彩画结合，即在雕刻图案上再进行彩画，多为佛教建筑所采用。清初，由于政治原因，受藏传佛教的影响较大，故而这种装饰手法也反映在大政殿的彩画上。在外檐彩绘中同时出现两种不同类型的彩画，在一般古建筑上是不多见的，这是大政殿彩绘的独特之处。此种装饰手法可谓官式做法与地方手法的一种结合。

第二，图案富于变化。沈阳故宫彩画主要以青绿色调为主，可以明显地看出元代以后檐下彩画由暖色调过渡到冷色调的特点。这种檐下青绿冷色调的彩画，在阴影中映衬着殿檐，增加了深远感，也使金黄色琉璃瓦覆盖的殿顶色彩显得更加明快。

第三，色彩鲜明，做法精细。大政殿外檐装饰的另一个艺术特点是斗拱疏朗，两攒斗拱之间的垫拱板较大，红地上采用沥粉贴金做法，装饰着两条

① 支运亭：《沈阳故宫建筑的独特艺术性与保护维修》，见郑欣淼、朱诚如：《中国紫禁城学会论文集》，第5辑，462～479页，北京，紫禁城出版社，2007。

对称的降龙和火焰珠，色彩鲜明，姿态秀美，沥粉工艺精湛，达到了完美的艺术效果。这种大面积的垫拱板饰以暖色调且突出重点进行彩画的做法，体现出浓郁的唐宋时期彩画的遗风。另外，旋花旋转的起点，按照清早期及官式做法，从根部即开始旋转，旋花比较规范。地方手法则不同，是从旋花的中后部作为旋转起点，内外檐对比明显。从色彩上看，柱头旋子用蓝色，内檐用绿色，外檐彩画布局的路线（大线）增加三条金线，足见大政殿外檐彩画几经修缮，并有许多地方手法。

第四，斗拱彩画造型优美奇特。斗拱色彩的运用也有独到之处。因外拽瓜拱、外拽万拱和厢拱均属抹角形，斗拱构件造型本身优美奇特，另加沥粉贴金装饰，在其他"大式"建筑中实属罕见。在斗拱耍头上方有雕刻的"异兽"，两侧是镂空的花板，加上五彩装饰，看上去具有藏式艺术风格。斗拱色彩随着踩数变化，用青绿两色调换（厢拱与外拱、外拽瓜拱、正心万拱、正心瓜拱之间调换），斗、升与拱的色调在青绿之间，色彩变化穿插自然。

第五，彩画技法精湛。大政殿内檐的彩画装饰，从年代、技法、题材、内容、艺术效果等来看，均属于清代宫殿彩画之珍品。内檐在结构上也较复杂，雕刻构件多，色彩的运用极其丰富。走进殿内，给人一种奇特神秘之感。内檐的坐斗枋与天花枋的彩绘系清中期的旋子彩画（金线大点金），基本是官式手法，其旋花旋转方向、色泽等与官式做法相同。藻井、天花比较特殊，尤其是"五井"天花属于较为少见的地方手法。藻井，也称龙井、天井。藻井像伞盖一样高于天花之上。以小木作构件也是室内装饰的重点。在有藻井的大殿中，一般设置一个藻井，也有三个藻井或六个藻井并用的，如北京的报国寺七佛殿、永乐宫三清殿等。藻井一般用各种斗拱组合，其顶心明镜多作圆形，有的周围置莲瓣，绘云龙图案，以后渐渐多用雕刻。明清时期，藻井的明镜使用范围越加扩大，有的明镜占满了全部圆井，而且带口中含珠的蟠龙，更加强了装饰性。

第六，浓郁的多民族风格。内檐天花藻井彩画采用清初格局，经历代修缮，表现为乾隆时期的艺术风格。装饰着深浮雕的降龙，龙体弯曲的走向、龙头神态飘逸的发须等，具有极强的装饰性和特有的动感。从细部多彩扎晕的云朵间，足以看出古代匠师的功力。降龙前爪抓着火焰宝珠，火焰从宝珠中穿过，而龙张口作吐纳状。圆形明镜用白色的连珠围绕，明镜内云、龙构图疏密得当，色彩以朱红铺地，衬托金色的降龙，龙身局部又有云朵覆盖，从而使明镜内的色彩更加丰富。明镜外环是一个用木构件及金属绳向上聚拢的角形天井，八角露出的八个耍头及十八斗两侧各有一堆三福云（花板）。八角天井的外环是一周天花，圆用俯莲，四个岔角为沥粉贴金的卷草，每个岔角内各有一颗红色宝珠，质感强烈。圆光内为红地贴金的吉祥文字，是篆书的福、禄、寿、喜、万等字样，这种吉祥文字图案流行于清康熙年间。天花外围由一周五彩斗拱承托，坐斗枋被四层雕刻的内檐遮盖，结构安排乃至艺术处理都恰到好处。这四层雕刻为俯莲、蜂窝枋、假椽头、如意头花牙子构成的木雕叠涩。俯莲的色彩用淡黄、朱红相间装饰，白色点缀，下有一排连珠。每个俯莲都由伞形木柱间隔，雕刻层次分明，色彩协调艳丽。八根金柱的上端由八块深浮雕的花板及雕刻的木枋和吊罩组成"高层"隔断，形成大政殿的"内环"。上方花板浮雕着海水江崖、火焰宝珠、云朵及水面上翻腾的游龙组成的画面。浮雕技法成熟逼真，好似彩龙飞跃出水面，呼吸着新鲜的空气，在天空和海水中跳跃飞腾。花板的下面有雕刻，并以绿色的木枋承托，枋上有五朵盛开的牡丹，周围布满绿叶。五朵牡丹花姿态各异，花瓣繁简变化自然。木枋下是对称的卷草吊罩，运用浮雕的形式，装饰以鲜艳的色彩，显得十分华丽。金柱的外环由穿插枋分成等分的八间，每间都由"五井"天花组成，绘有双龙、双凤，中间为梵文。金龙天花画工、沥粉精细，彩凤天花色彩搭配艳丽协调，梵文天花尤为别致。在外环的八间"五井"天花圆光中，各有一不同的字，是用兰札体书写的梵文，表示四面八方的"种字"。按照佛教的解释，此八字分别表示其代表的那一方一切事物的最初起源。这种梵文天花增加了大政殿内的宗教色彩，与清初藏传佛教的影响有着直接关系，而且用于这座大殿中，既体现出当时满族对佛教的尊崇，又增加了室内庄严神圣的气氛。

第三章

盛京三陵

　　"事死如事生"是古人重要的观念，但人死后的"待遇"却可能千差万别，能够享受到的后代祭祀的规格也会截然不同：普通老百姓可能只有一抔黄土掩埋，能不能得到后代的祭祀还要看世道如何；达官显贵人家可能修得起高大的坟冢，盖得起巍峨的祠堂，逝去的先人可以得到后人的凭吊和祭祀；中国古代帝王死后的"待遇"可就不一般了！从帝制王朝的第一个皇帝——嬴政——开始，就不惜耗尽国力也要大建自己死后的归宿——陵墓，他们希望自己在另一个世界仍然能够享受到与现世同样的荣华。2000多年来，这些帝王们在中国大地上留下了数百座规模宏大的陵墓，其中就包括大清朝开国初期的两位君主的陵墓：努尔哈赤的福陵和皇太极的昭陵。

　　努尔哈赤和皇太极的陵寝都在沈阳城的近郊。城东的福陵，葬努尔哈赤及其皇后叶赫那拉氏；城北的昭陵，葬皇太极及孝端文皇后博尔济吉特氏。现在的两陵都已扩建成公园，福陵扩建为东陵公园，昭陵扩建为北陵公园。辽宁省新宾满族自治县的永陵、沈阳市的福陵和昭陵，合称盛京三陵或清初关外三陵。

第一节　永　陵

　　永陵是中国现存规模较大、体系完整的古代帝王陵寝建筑群，位于新宾满族自治县永陵镇西北启运山脚下。永陵，始建于1598年，满语称"恩特和莫蒙安"，是大清皇帝爱新觉罗氏的祖陵。1634年称兴京陵，1659年尊为永陵。1682—1829年，康熙、乾隆、嘉庆、道光等皇帝曾先后9次亲临永陵祭祖，使永陵祭祖活动成为清代的国家典制。

一、永陵概观

　　永陵为盛京三陵之首，是清王朝皇室祖陵。这里埋葬着清太祖努尔哈赤的六世祖猛特穆（追封肇祖原皇帝）及其嫡福晋（追封肇祖原皇后）、曾祖福满（追封兴祖直皇帝）及其嫡福晋（追封兴祖直皇后）、祖父觉昌安（追封景祖翼皇帝）及其嫡福晋（追封景祖翼皇后）、父亲塔克世（追封显祖宣皇帝）、母亲喜塔拉氏厄默气（追封显祖宣皇后）、伯父礼敦、五叔塔察篇古等人。它坐落在辽宁省新宾满族自治县永陵镇启运山前，秀丽的苏子河当前环抱，汹涌的草昌河、月牙泡河在祖陵两侧环绕而汇入苏子河。烟囱山高耸于苏子河南岸，成为永陵的罩山。康熙皇帝曾在《雪中诣永陵告祭》一诗中赞颂永陵的风光：

峰峦叠叠水层层，王气氤氲护永陵。
蟠伏诸山成虎踞，飞骞众壑佐龙腾。
云封草木桥园古，雪拥松楸辇路升。
一自迁岐基盛业，深思遗绪愧难承。

陵寝前端原为一条笔直的黄沙大道，称为"神道"。通过神道，是清永陵总门户——正红门，木栅栏的建筑形制保留了满族人的建筑特色。前院并列着四祖碑楼，它们的建筑、规模、大小都是相同的。在同一座院子里并列着4位皇帝的碑楼在全国是独一无二的。在每座碑楼前后门的左右各有一条坐龙，这16条坐龙意在清王朝稳坐江山。清永陵第二道门为启运门，两侧各

图3-1　清永陵

有前后对称的五彩云龙袖壁两座，升龙造型精致，栩栩如生。此种陶质砖雕经300年不风化，确是十分罕见的艺术珍品。通过启运门即为方城。方城以启运殿为主体，左右两厢分置东西配殿，供奉着各位神灵。启运殿、西配殿之间为焚烧祭文的焚帛亭。绕过启运殿，就跨入了宝城。宝城是陵寝墓葬所在地，清帝的6位祖先就安息在这里。

二、历史沿革

永陵历史悠久。努尔哈赤早在明嘉靖至万历年间就选择了尼雅满山岗（即乔山、启运山）之阳作为家族墓地。先后埋葬了兴祖福满、景祖觉昌安、显祖塔克世及努尔哈赤其他伯祖、叔祖等人。

明万历三十一年（1603）九月，努尔哈赤的爱妻、年仅29岁的叶赫那拉孟古哲哲（孝慈高皇后）崩。"越三载，始葬尼雅满山岗"。令4名女婢殉葬，杀牛马各一百致祭。努尔哈赤的伯父礼敦、五叔塔察篇古等也葬在尼雅满山岗。那时当无陵寝建筑，更无陵名，仅以赫图阿拉祖陵呼之。

后金天命九年（1624），努尔哈赤于辽阳建东京城之后，于城北羊鲁山建造陵寝（后称东京陵）。遣索长阿之孙旺善、铎弼及礼敦之子贝和齐至尼雅满山岗祖陵将景祖、显祖、孟古皇后（孝慈高皇后）、弟舒尔哈齐、长子褚英等陵迁东京陵安葬。剩余的陵墓则称为"老陵"。

后金天聪八年（1634），清太宗皇太极尊赫图阿拉为"兴京"，赫图阿拉祖陵则称兴京陵。

清崇德元年（1636），清太宗皇太极改国号为清，称帝。按照古制，追尊四祖为四王，即猛特穆为泽王、福满为庆王、觉昌安为昌王、塔克世为福王。为四王设太庙祭祝。同时，在老陵兴祖墓后设肇祖衣冠冢。专称肇、兴二祖为"二祖陵"。

清顺治五年（1648），清世祖福临追封四王：猛特穆为肇祖原皇帝、福满为兴祖直皇帝、觉昌安为景祖翼皇帝、塔克世为显祖宣皇帝。同时，追封四王的嫡福晋分别为肇祖原皇后、兴祖直皇后、景祖翼皇后、显祖宣皇后。

清顺治八年（1651），封乔山尼雅满山岗为"启运山"，设官兵守护陵寝。

清顺治十年（1653），始建享殿、配殿、方城门墙。

清顺治十二年（1655），立肇、兴二祖神功圣德碑，建碑亭。

清顺治十五年（1658），因东京陵风水不如兴京陵好，遂将景、显二祖陵及礼敦、塔察二墓迁回兴京陵肇、兴二祖墓前。

清顺治十六年（1659），更兴京陵名为永陵。意在江山永固、帝业长久。

清顺治十八年（1661），命名享殿为"启运殿"、方城门为"启运门"。立景、显二祖神功圣德碑，建碑亭。

清康熙元年（1662），奉安四祖满、汉文神牌于启运殿。

清康熙九年（1670），于永陵西堡设永陵总管衙门，专司陵寝安全防卫。

清康熙十一年（1672），于永陵后堡设永陵掌关防衙门，专司永陵祭祀及陵内一切事务。

清康熙十六年（1677），永陵改用黄琉璃瓦件。

清雍正八年（1730），建齐班房、祝版房。

清乾隆元年（1736），建茶膳房、涤器房。

清乾隆十二年（1747），启运殿内设楠木香几、珐琅祭器。

清乾隆四十三年（1778），陵外设栅木1344架、红桩36根、白桩64根、青桩36根。

清乾隆四十七年（1782），建夏园行宫。

清乾隆四十八年（1783），永陵前设满、蒙、汉、回、藏五体下马石碑。

清光绪元年（1875），于永陵街内设兴京副都统衙门。

清光绪二十四年（1898），于赫图阿拉设兴京城守尉等衙门。

民国十一年（1922），裁撤永陵总管及掌关防衙门，其事务归兴京县公署管理。

民国十四年（1925），永陵祭祀归县公署办理。

1961，成立新宾县文物管理所。

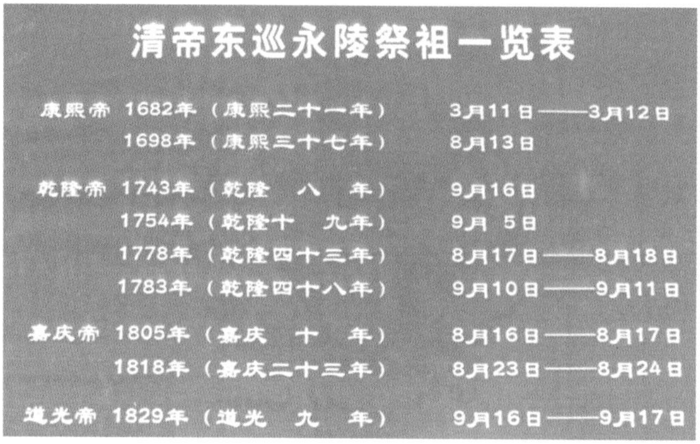

清帝东巡永陵祭祖一览表

康熙帝	1682年（康熙二十一年）	3月11日——3月12日
	1698年（康熙三十七年）	8月13日
乾隆帝	1743年（乾隆 八 年）	9月16日
	1754年（乾隆十 九 年）	9月 5日
	1778年（乾隆四十三年）	8月17日——8月18日
	1783年（乾隆四十八年）	9月10日——9月11日
嘉庆帝	1805年（嘉庆 十 年）	8月16日——8月17日
	1818年（嘉庆二十三年）	8月23日——8月24日
道光帝	1829年（道光 九 年）	9月16日——9月17日

图3-2 清帝东巡永陵
祭祖一览表

1963年，永陵被列为省级文物保护单位，永陵事务归文管所办理。

1979年10月1日，永陵正式向国内开放。

1987年，永陵被列为国家级文物保护单位。

三、陵内建筑

永陵整体建筑由陵前参拜道、下马石碑、前院、方城、宝城、省牲所等几部分组成。陵前参拜道南北长840米，以黄沙铺垫。参拜道南北两端之左右各立下马石碑一座。碑阳竖书汉、满、蒙、回、藏五体"亲王以下官员人等至此下马"文字。以示凡谒陵祭祖之王、大臣到此须文官下轿、武官下马，步行入陵，以表对皇陵之尊崇与孝思；否则，将被视为大不敬，当受到严惩。参拜道中央原有一座小桥，名玉带桥。草仓河由后堡绕至陵前，过玉带桥西，流入西堡龙头月牙泡。因该河在陵前呈内弓形，似玉带围腰，故称玉带河。

参拜道北端紧接永陵前院正门，名为正红门或前宫门。前宫门是小木作硬山式琉璃瓦顶建筑。面阔三间，进深两间。每间置两扇木栅栏门，上覆红漆。这种木栅栏在清代帝、后陵寝中唯永陵所独有，是满族早期建筑特色，体现了建州女真人"树栅为寨"的古老生活遗俗。前院正中东西并列四座单檐歇山式碑亭。按照中长次右、左老右少的位序，依次为肇、兴、景、显四祖碑亭。亭座为方形高台，条石砌筑。亭身方体，前后壁各辟券门一座，对开木门两扇。琉璃瓦顶下之沿椽与额枋之间铺作三翘七栖斗拱。木件通体油饰彩画。碑楼内各立赑屃座神功圣德碑。碑阳镌刻竖书满、蒙、汉三体颂词，弘扬四祖的文治武功。四祖碑亭前东厢五间硬山式青砖瓦房为齐班房两间、祝版房三间，是守陵官员值班和存放祝版的房舍。西厢五间硬山式青砖瓦房为茶膳房两间、涤器房三间，是烧茶做饭、加工供品及洗涤膳具器皿的房舍。碑亭后左右各建硬山式青砖瓦房三间，前后有外廊，分别是果房和膳房。前院东西缭墙各辟一门，为东红门和西红门。帝、后谒陵时，皇帝由东红门出入，皇后由西红门出入。前院紧接方城。方城正门名为启运门。方城是单檐歇山式建筑。面阔三间，进深两间，青砖磨缝，平砌大山，前后无檐墙。三间各辟一门，两扇对开朱漆板门各布九九八十一枚鎏金铜门钉，取意"九九归一"；帝王为九五之尊，横九纵九，唯皇最大。启运门中门为神门，为墓主神灵出入之门。东门为皇帝及大臣出入之门。西门为皇太后、太后、妃及平常司事人出入之门。反映了清代严格的等级制度。

启运门二翼缭墙正中各镶嵌一陶质双面五彩云龙袖壁，壁中一金龙张牙舞爪，腾于海水江崖之上，腾云吐雾，戏耍火珠，造型生动，雕塑精美，充分体现了当时人们的聪明才智和精湛技艺。

方城内正殿称享殿，又称启运殿，是供奉四祖神位及祭祀的场所。启运殿高筑于方形的墀陛之上，为单檐歇山式琉璃瓦顶建筑，面阔三间，门四窗八。明间后墙辟券门一座，以通宝城。殿外三面环廊。龙吻透雕"日""月"二字，各分东、西，取"破明"之意。殿内置暖阁4座，内置宝床、枕被，为四祖神灵休息之所。暖阁前置龙、凤宝座各4座，宝座上置神牌，分别是肇祖原皇帝、肇祖原皇后、兴祖直皇帝、兴祖直皇后、景祖翼皇帝、景祖翼皇后、显祖宣皇帝、显祖宣皇后的汉、满文合璧神牌。宝座前是供案，上置各种供品。供案前是4套掐丝珐琅祭器，每套5件，共20件。祭器座为楠木香几。启运殿前有东、西配殿各三间，为单檐歇山式建筑，琉璃瓦顶，三面环廊。东配殿为维修启运殿时恭藏肇、兴二祖牌位、神器及祭祀的临时场所。西配殿主要是祭祀时供喇嘛打坐、念经、超度亡灵的场所，平时恭藏乾隆御笔《神树赋》碑。启运殿与西配殿之间，有一座青砖、瓦砌筑的高近3米的歇山式小建筑，名为"焚帛亭"，俗称"燎炉"，是祭祀永陵时焚化祝版、制帛、金银锞子及纸钱的祭炉。

启运殿后即为宝城。宝城平面呈马蹄形。前有泊岸，后有八角弧形罗圈墙，高3.6米。宝城内南北长18.7米，东西宽22.4米。分前、后两层台地。上层台中葬兴祖、左昭景祖、右穆显祖。兴祖墓东北是肇祖衣冠冢。下层台左葬武功郡王礼敦，台右葬恪恭贝勒塔察篇古。中间是磴礓三段，共21级。兴祖墓前原有古榆一株，离地3尺①有叉。"枝干偌屈，壮若游龙，枝叶繁茂，荫覆宝城"。传说，这棵榆树就是离地3尺的悬龙之穴。努尔哈赤把他父亲的尸骨放在这棵离地3尺有叉的榆树上，尸骨就长到树里，取不下来了，老汗王只好葬骨树间，结果后来成了后金开国之君。这种神奇的传说毕竟不是历史，这无非是在宣传"君权神授"思想，以麻痹愚弄人民群众，达到维护皇权统治的目的。宝城后即陵山启运山。启运山石骨棱峥，山脊此起彼伏，状若行龙，俗传"悬龙"；"龙脊上有10个山包，所以清朝有10个皇帝"。这种牵强附会的臆断和猜测纯系无稽之谈。

---

① 尺为非法定计量单位，1尺 ≈ 0.33米，此处使用为便于读者理解，使行文更为顺畅，下同。——编者注

前院西有一独立的院落，院内有正房5间、西厢房3间，前有垂花门一座，东与西红门相通。此院名省牲所，是屠宰祭祀牛、羊的场所。省牲所西墙外原有冰窖一个，冬季储冰，供夏季祭祀防止供品腐烂变质与防暑降温之用。

四、建筑特征

第一，从地理位置来看，永陵坐北朝南，神道贯穿，居中当阳，中轴不偏。永陵选择在启运山南麓背风朝阳、窝风藏气的龙脉正穴之前营造宝鼎正殿，并由正穴向南修筑一条长约1公里的笔直通道，称"神路"，是陵寝的中轴线，也是陵寝的坐向线。享殿启运殿就建在中轴线北端，有"居中当阳"之意。启运门、正红门都在轴线上，坐北朝南，依次排开，既有层层拱护正殿的作用，又有突出中心、强化皇权的寓意。

第二，从建筑布局来看，永陵左右对称，彼此呼应，均衡布局，主次分明。陵寝的东配殿与西配殿、果房与膳房、肇祖碑亭与兴祖碑亭、齐班房和祝版房与茶膳房和涤器房、东下马碑与西下马碑皆以中轴线为中心，左、右对称排列，均衡布局，主次分明，彼此呼应，给人以平衡、稳定、庄重、圆满之感。

第三，永陵经纬组合，高低错落，逐级升高，对比衬托。永陵的陵寝建筑由前至后，纵横排列，如下马碑纵向，前宫门横向；东西厢房纵向，四祖碑亭横向；果膳房纵向，启运门横向；东、西配殿纵向，启运殿横向。正视则一纵一横，交替进行，经纬组合，灵活多变。这种经纬交错排列给人以生动、新鲜、灵活、深邃之感。侧视陵寝建筑，由前至后，则呈低—高—低—高的波浪起伏形式。前宫门最低→厢房较高→四碑楼高→果膳房较低→启运门高→配殿较低→正殿最高。这种低—高—低—高排列的建筑物轮廓线形像起伏的波浪，并随着地势逐步升高，加之后面建筑依次比前面建筑高大，势若波涛汹涌，给人以生动、奋进、愉悦的感觉。

第四，永陵前朝后寝，二方一圆，南北排列，三进院落。永陵最基本的陵寝形制是前朝后寝，以及由前至后纵向排列二方一圆的三进院落。所谓二方一圆的三进院落，是指第一进院落前院是方形，第二进院落方城也是方形，第三进院落宝城是圆形。启运殿后的宝城宝鼎是奉安帝、后尸骨的地宫寝殿，称"后寝"。或云清朝统治者迷信"事死如事生"，认为皇帝死后到阴间仍然当皇帝，因此，陵寝的方城就是他们在阴间的皇城，享殿就是他们在阴间上朝临御的宫殿，而宝城内的宝鼎地宫则是他们在阴间的寝宫。将方城建成方形、将宝城宝鼎建成圆形，是分别象征地和天，以合"天圆地方"之说。

五、永陵陵主

（一）肇祖猛特穆

元初，在松花江下游地区设立斡朵怜、胡里改、脱斡怜、桃温、孛苦江5个军民万户府。猛特穆的先祖世居斡朵怜地，为斡朵怜万户府的万户。元末，猛特穆父童浑厚万户死后，由猛特穆袭万户职，统领所属女真军为元镇抚北边。

明初，猛特穆仍为斡朵怜万户府的万户。由于故元势力侵扰，部族纷争，东北地区动荡混乱。洪武年间，猛特穆率众溯牡丹江避乱流徙，移居图们江下游斡木河谷（今朝鲜会宁）一带。明永乐三年（1405），猛特穆被明朝钦差千户王教化等持谕招抚入京。明成祖表彰其"能恭敬朕命、归心朝廷"，授职建州卫指挥使，并"赐印信、簪花、金带，赐其妻幞卓、衣服、金银、绮帛"。明永乐九年（1411）四月，猛特穆率部移住凤州。明永乐十年（1412），猛特穆入京朝贡。明增置建州左卫，封其为建州左卫指挥使。明永乐二十年（1422），猛特穆率部众参与明成祖反击鞑靼部阿鲁台纵兵劫掠的漠北亲征。明永乐二十一年（1423），猛特穆率正军1000名、妇儿6250名返回斡木河"旧居耕农"。明宣德元年（1426）正月，猛特穆入京朝贡，被授为建州左卫都督佥事（武职正二品）。明宣德八年（1433）二月，猛特穆再次入京朝贡，明廷再提封其为建州左卫右都督（正一品）。晋封后，猛特穆受命随协辽东都指挥佥事裴俊返回斡木河，招抚携家逃窜至斡木河的辽东女真豪族开原千户杨木达兀，遭到袭击。猛特穆率弟、儿、部众英勇作战。是役，猛特穆及其长子阿古战死，次子董山被俘，同父异母弟凡察负伤。凡察后接任兄职，继掌左卫，率众300余户逃离会宁，几经流徙，于明正统五年（1440）六月迁驻呼兰哈达山下赫图阿拉地，与1438年迁驻硕里阿拉的建州卫李满柱合驻一处。

明万历年间，努尔哈赤将猛特穆所遗衣冠随葬兴祖福满墓东北隅。因无尸骨，是为衣冠冢。清顺治五年（1648），福临追封猛特穆为肇祖原皇帝，其福晋为肇祖原皇后。

（二）兴祖福满

福满为肇祖猛特穆曾孙、努尔哈赤曾祖，是董山（童仓）第三子锡宝齐篇古的独生子。福满嫡福晋兴祖直皇后是永陵喜塔拉氏三世祖都力绩之女

（根据永陵喜塔拉氏谱单）。福满事迹清代史料不见著录，《清太祖武皇帝实录》仅提都督二字，故难以稽考。

1636年，清太宗皇太极追封福满为庆王。1648年，清世祖福临追封福满为兴祖直皇帝，追封其嫡福晋喜塔拉氏为兴祖直皇后。

（三）景祖觉昌安、显祖塔克世

兴祖福满生六子：长名德世库，居觉尔察地；次名刘阐，居阿哈河洛地；三名索长阿，居河洛噶善地；四名觉昌安（即景祖），居赫图阿拉地；五名包郎阿，居尼麻兰地；六名宝实，居章佳地。六子各立城池，环卫而居，并称六王（或"宁古塔贝勒"）。觉昌安生五子，长名礼敦，次名额尔衮，三名界堪，四名塔克世（即显祖），五名塔察篇古。

觉昌安为六王之一，"有才智，其子礼敦又英勇"，率本族六王子孙，将彼时恃强悍而每各处扰害的灼沙纳及加虎"二姓尽灭之，自五岭迤西二百里地诸部尽皆宾服"。"六王自此强盛"。明封觉昌安为都督佥事，塔克世为指挥使。塔克世嫡福晋乃永陵喜塔拉氏五世祖阿古都督女。

明万历十一年（1583）正月，王杲子阿台、阿亥为报父仇，屡犯明边，从静远堡、榆林堡入浑河两岸骚掠。李成梁为绝祸本，于二月亲率大军，由抚顺王刚台出塞百余里，直捣阿台的古埒城和阿亥的沙济城。因阿台妻为觉昌安孙女，阿台女为塔克世侧妃，景、显二祖遂往古埒城。是役，被明军误杀于古埒。努尔哈赤索还父、祖遗体并葬于赫图阿拉尼雅满山岗。

后金天命九年（1624），太祖遣宗弟铎弼、贝和齐往祖居地赫图阿拉尼雅满山岗奉移景祖、显祖、孟古皇后（孝慈高皇后）、皇伯父礼敦、叔父塔察篇古、皇弟舒尔哈奇、雅尔哈奇、穆尔哈奇、青巴图鲁诸陵于辽阳新城东北2公里之杨鲁山上，立灵堂安奉，后称东京陵。1636年，清太宗皇太极追封觉昌安为昌王、塔克世为福王。1648年，清世祖福临追封觉昌安为景祖翼皇帝、其嫡福晋为景祖翼皇后，追封塔克世为显祖宣皇帝、其嫡福晋喜塔拉氏为显祖宣皇后。

清顺治八年（1651），封肇、兴二祖之陵山为启运山。清顺治十五年（1658），将景祖、显祖及礼敦、塔察篇古诸灵自辽阳东京陵改附兴京陵。按照左昭右穆葬兴祖宝鼎前。次年，改兴京陵名为永陵。

清永陵是建于明朝末年的清代皇帝的祖陵，开创了清帝陵寝建置的先河和陵寝规制的样板，为后世陵寝建置的规范与完善奠定了基础。清永陵吸取了明帝陵的规制，又融入了本民族的文化特点，具有清帝、后陵的规格，却无"正式帝、后"陵的华贵，是清代帝、后陵寝的特殊类型，具有重要的历史价值和民俗特点。

第二节　福　陵

　　福陵位于沈阳东郊的东陵公园内，是清太祖努尔哈赤的陵墓。因地处沈阳东郊，故又称东陵，为盛京三陵之一。另有努尔哈赤的后妃叶赫那拉氏、博尔济吉特氏等人葬于此处。后金天聪三年（1629），选定在盛京的东北郊外营建陵墓。同年，将皇太极生母叶赫那拉氏的墓从东京杨鲁山迁到此处。初建时，只称作"先汗陵"或"太祖陵"；崇德元年（1636）定名为"福陵"，寓意大清江山福运长久。陵墓到清顺治八年（1651）基本建成。在康熙和乾隆年间，又续有增建。

　　整个陵园背靠山峦，气势宏伟，风景优美。福陵的布局严谨，规模宏大，总面积约19.48万平方米。形制为外城内郭，由前院、方城和宝城三部分构成，自南而北，渐次升高。这既不同于明朝的陵墓，也不同于清朝入关

图3-3　清福陵"世界文化遗产"碑

后建造的陵寝。福陵自 1929 年起，被奉天省政府辟作公园，因其位于市区的东部而得名东陵。目前，除方城明楼曾毁于雷火后又修复外，其余皆保存完好。陵园周边为青松古林环抱，称"天柱排青"，是盛京胜景之一。

1988 年，福陵被中华人民共和国国务院列为第三批全国重点文物保护单位之一。2004 年，包括福陵在内的盛京三陵作为明清皇家陵寝文化遗产扩展项目，被联合国教科文组织世界遗产委员会列入《世界文化遗产名录》。

一、历代管理

清朝对于福陵的管理，在经过入关前的草创时期后，于顺治十三年（1656）形成了以总管衙门和掌关防衙门为外在形式的两套陵寝管理体系：前者是武职机构，职责是守护陵寝；后者为文职机构，职司祭祀、备办祭品、陵寝陈设及修缮陵寝建筑等。两套机构的设置有效地保护了福陵。

但是从清末开始，国势衰微，东北地区的政治形势屡有变化，福陵的地位也发生了变化，神圣不可侵犯的禁地沦落到断壁残垣、满目荒凉。

二、内部景观

福陵景色秀美。清康熙二十一年（1682）三月初六，清圣祖玄烨第二次东巡，恭祭福陵后写下诗句：

> 瑞霭钟灵阙，晴烟绕闼宫。
> 万山皆拱北，百水尽洄东。
> 天矫盘峰秀，纡回磴道通。
> 俯看环众象，遥睇极高崇。
> 松柏丸丸直，冈峦面面同。
> …………

但当时福陵作为圣地和禁地，普通人是无法领略到这种美的。直至清朝末年，这一状况才有所改观。浪漫的文人骚客将其中较为著名的景致归纳在一起，总结出妙趣横生的"福陵八景"。

"福陵八景"在沈阳地区久负盛名，许多地方志书中均有提及。这八景分述如下。

（1）"龙滩垂钓"。福陵前临浑河，岸边有一处多年冲积而成的沙滩，形似一条困倦欲睡的卧龙。每当夏秋之间，人们多持竿往游，于龙滩之上垂钓，优哉游哉，尽得休闲之乐。

（2）"引水归帆"。福陵前的浑河，河面宽阔，水势蜿蜒，其流入陵南的一段河道形如一个"引"字。当春潮涌动时，由此处起航，扯起顺风白帆，会直达沈阳市区，好不畅快。

（3）"宝顶凝辉"。宝顶指的是团城内的太祖陵丘，其表层是经特殊建筑工艺抹就的一层白灰，在阳光照耀下，洁白耀眼。于是，人们把这一奇妙的景观命名为"宝顶凝辉"。

（4）"天桥挂瀑"。天桥指的是建在一百单八磴下面的石桥。因其建在皇陵中，故称其为天桥。又因其所处地势陡峭，遥望之，犹如瀑布悬空，蔚为壮观，故得名。

（5）"泉沟采药"。福陵后山盛产药材，且药效十分好，加上山泉奔涌，掬之香沁心脾，闻之淙淙入耳，风景如画，令人向往。特别是此处临近福陵禁地，能至泉沟采药，被人们视为平生幸事。

（6）"柳甸闻莺"。福陵周围多松，只有一处平坦草地上生长着株株柳树，称为"柳甸"。每到春夏时节，这里莺飞草长，飞来的对对黄莺在柳树枝头嬉戏鸣唱，人们散步其中，俗世烦恼顿消。

（7）"明楼过雨"。春雨霏霏，润物无形，春风吹过，隐隐传来福陵大明楼楼檐铃铛的叮咚声，引起人们的无尽遐想。忽而雨过天晴，大明楼经过春雨的洗礼，愈加光彩夺目、雄姿轩昂。

（8）"西山晴雪"。福陵之后，峰岭绵延。每当冬季雪后初晴，向西眺望，但见山舞银蛇，原驰蜡象，冬日之雪，千姿百态，风情万种，构成一幅绝妙的山水图画。

三、主要建筑

福陵建筑布局仿明朝皇陵规制，采用仿宫殿的前朝后寝的格局。供礼制活动的主要场所——隆恩殿，东、西配殿等建筑——建于地宫前。隆恩殿内供奉着陵主神牌，象征着皇帝生前用于主持朝政的殿；地宫作为存放宝棺的场所，象征着帝王就寝的后宫。同时，福陵总体严格遵循中轴对称的分布格局，以神道为中轴线，主要建筑或建在神道正中，或均衡地分布在两侧，布局规整，整齐化一，体现了皇家陵园的肃穆与庄严。

福陵建筑格局依山势而设计，北高南低。下马碑、正红门、石像生、华表等引导性建筑建在低处，神功圣德碑亭、隆恩门、隆恩殿、东配殿、西配殿、月牙城、宝城、宝顶等依次建在山顶上，中间的一百零八级台阶（俗称一百零八磴）及石桥起到过渡的作用，使得福陵建筑群错落有致、气势恢宏。

虽然福陵的主体建筑为清入关以后所建，建筑群的主要规模完成于清康熙、乾隆时期，但由于它是一座积累式建筑群，因此也保留了许多清朝兴起时期的建筑风格。正红门外的下马石牌坊四柱三间三楼，每根立柱的基座上雕刻有缠枝莲、仙人、仙鹿、松柏、麒麟等吉祥图案；坊额、坊心部分雕刻着仙人献宝、鲤鱼跳龙门、仙人击鼓、仙人骑兽及海水江崖等吉祥图案；正中一间的坊心外侧雕刻有"往来人等至此下马，如违定依法处"字样，说明这一建于清入关前的建筑建在道路上，在建成之初兼有下马碑的作用。

福陵正红门内的石像生建造于清入关前，顺治年间又被重新安放过。据官书记载，同时建的还有擎天柱四、望柱二。擎天柱，又称华表，也称华表柱、万云柱等，由底座、护栏、柱体、云版、天盘、柱顶、顶兽等部分组成，雕刻风格古朴，图案丰富多彩，有如意、猴、鹤、松、祥云、牡丹、灵芝、麒麟、狮、天马、虎等，凡吉祥的纹饰及祥瑞的禽兽几乎无所不包，这与皇家宫殿、陵墓中建筑上过于程式化的雕塑风格形成鲜明的对比。清福陵的石像生共有五组，分别为石狮、石象、石虎、石马、石骆驼。石像生或立或卧在石座上，形态逼真，雕刻风格也较为古朴，有别于其他明清皇陵。

正红门内向北延伸的神道全长 566 米，是 3 条用条石和墁砖铺成的甬路。基于福陵特殊的地理形势，陵寝的设计者在神道上依地势建成了一百零八级台阶和排水桥涵，起到了保护陵寝的作用。在雨季，使陵内积水能顺利排出；同时，一百零八级台阶使山下的陵寝建筑与山顶的主体建筑连成一体。一百零八级台阶将风水学理论巧妙地应用在皇陵建筑群中。"一百零八"这一数字源自中国古代的星宿说。相传，三十六天罡星和七十二地煞星都是不吉祥的星宿，一百零八级台阶每级都是一个星宿的象征，将这些不吉祥的星宿踩在脚下，以保护皇陵平安。神道上还建有神功圣德碑亭。这是皇陵中的重要建筑之一，为九脊重檐歇山式，顶上满铺琉璃瓦，飞檐斗拱，枋、檩、椽各处均施以彩绘，四周红墙，四面设门，台基上四面各出踏垛。碑亭内是福陵的神功圣德碑，碑上满汉合璧刻写的碑文是对清太祖努尔哈赤一生文治武功的概述，其中不乏溢美之词。皇陵内的神功圣德碑文大多由继位新君撰写，但由于清福陵的神功圣德碑亭建于康熙年间，因此，福陵的神功圣德碑的碑文是由康熙皇帝钦定，由清中期著名书法家顾观庐书写后刻制的。它不仅具有一定的史料价值，也是清中期书法鉴赏的实物资料。

方城之内是清福陵建筑分布密集区域，高近5米的城墙将皇陵中供礼制活动的隆恩殿、配殿等主要建筑围在中央。方城南门为隆恩门。隆恩门为单体拱形门洞，三层门楼，内有楼梯可以上门楼；隆恩门是福陵的最高建筑。方城北门洞之上为大明楼。大明楼为重檐歇山式顶，内竖石碑一座，为福陵的圣号碑，上刻写太祖皇帝的庙号和谥号，是清福陵的标志碑。方城的前后门洞旁有磴道可供上下方城；方城之上建宽约2米的马道；东、西、南三面城墙上建有雉堞，内侧建有女墙，城墙四角建有角楼；角楼为歇山式十字脊式顶，四面出廊，四角挂风铃，正中有拱形门洞，内有楼梯可以上下。角楼玲珑秀美，小巧别致。这种方城城墙马道、雉堞等用在皇陵建筑中，是清初盛京福陵和昭陵的独特之处，有别于清代其他皇陵，这也是清初尚未确立其稳定统治时期，福陵和昭陵的陵主时刻准备抗御敌人的进攻与出兵去征战的生活场景的再现。

方城内的隆恩殿、东配殿、西配殿等是清福陵的主要建筑，也是清朝举行祭祀活动的主要场所。其中，隆恩殿是供奉清太祖努尔哈赤及其皇后神牌的地方。它坐落在高5尺的须弥式台基上，面阔三间，进深二间，歇山式殿顶上满铺黄琉璃瓦。殿内在裸露的梁架上直接施以彩画，这种做法称为"彻上明造"，是清初满族的建筑特色之一。殿内地上原铺有龙毯，殿内正中有大暖阁一座。暖阁外罩黄色披庐帽，内设宝床，床上有被、褥、枕，"以奉神御"。大暖阁内有小暖阁一座。暖阁挂有帷幔，内供奉太祖皇帝和皇后的神牌。大暖阁前有龙凤宝座各一座，宝座前设供案，供案外罩黄云缎桌椅。供案两侧各设配案，配案后各有福晋椅一只、配椅两只。供案前还有黑漆描金几五只，上陈设珐琅五供一套，五供内插万年松花及灵芝。每当皇陵举行大祭时，要先将陵主神牌请至宝座上，以享祭品。东、西配殿在陵寝祭祀时起辅助作用。其中，东配殿是陵寝大祭时存放祝版和制帛的地方；每当隆恩殿大修时，这里也存放太祖皇帝和皇后的神牌，其间如遇祭祀日，无论大小祭祀，如期在东殿内举行。西配殿是大祭时喇嘛们诵经作法超度亡灵的道场。隆恩殿前西南角的焚帛亭是大祭时焚化祝版、制帛的处所。隆恩殿后有二柱门和石祭台。二柱门又称棂星门、冲天牌楼，两侧各有一石柱，中间有一对开的门扇，这两扇门平时不打开，只在陵寝祭祀时才开启。石祭台为汉白玉雕刻，须弥座式，上面陈放着石香炉一、石香瓶二、石烛台二。这些是用来象征香火绵长的供器。每当皇帝前来祭陵时，都要在百祭台前献祭和举哀，以示孝敬。

　　方城之后为月牙城，是方城和宝城之间的一块空地，因其形如弯月而得名。月牙城正中有一彩色琉璃照壁，照壁中间嵌着五彩盒子。从已发掘的明清皇帝陵来看，照壁遮挡着的是地宫的入口。月牙城北侧是宝城，宝城中央为宝顶，宝顶之下是陵寝的心脏——地宫，陵主清太祖努尔哈赤及其皇后的宝棺就被安放在这里。

　　此外，在隆恩门外、神功圣德碑前两侧，分别建有两座建筑"东为茶膳房、果房，西有涤品房、宰牲亭、齐班房，均为三间，是制作祭品、储藏祭品和祭器、官员候祭的场所。这些建筑大约完成于康熙年间，随着陵寝建筑的完成而最终完成，是皇陵祭祀的辅助建筑。

　　在福陵西北的后陵堡村附近，原建有福陵的妃园寝。园寝前有宫门三间、门二，园寝正中有亭殿三间、门四。亭殿东西两侧各有茶膳房、果房三间。亭殿后有坟院，内有三座丘冢，周以缭墙，墙外设堆房两座。

　　福陵妃园寝建于康熙年间，是清太祖妃博尔济吉特氏、安布福晋等的葬地。妃园寝当为福陵的一个组成部分，其祭祀时间与福陵基本相同，只是建筑规制和祭祀规格都要低于福陵。有清一代，福陵妃园寝受到清政府的保护，并同福陵一样祭享有加，但随着清朝末年国势衰弱，清政府的保护也力不从心，福陵妃园寝渐渐失去了往日的香火，并最终毁于清末日俄战争的战火中，今已无存。

　　清福陵的修建及后来的重建、改建都是在古代堪舆家的指导下进行的。从选址到规划设计，考虑了陵寝建筑与自然山川、水流和植被的和谐统一，追求陵寝建筑与自然环境的和谐统一，体现了中国古代"天人合一"的哲学思想。

　　在清代，福陵是皇室从事礼制活动的主要场所。因此，无论是建筑遗存还是其所包含的史实，都是研究清朝陵寝制度、丧葬礼仪，乃至清初的殉葬制度、祭祀制度、职官体制，以及政治、经济、文化等方面的重要资料。它记录着明末、清代及民国年间的历史。清福陵不仅是中国帝陵建筑的重要组成部分，也是中国历史文化的最好见证。

四、福陵陵主

　　福陵的主人是清太祖努尔哈赤和孝慈高皇后孟古哲哲。另外，依照女真族习俗和历代先例，生殉的大妃阿巴亥、庶妃纳音扎和阿济根，以及祔葬的继妃衮带等也都长眠在努尔哈赤的身旁。福陵西北原有寿康太妃园寝一座，内葬努尔哈赤的蒙古侧妃（寿康太妃）博尔济吉特氏、安布福晋和绰奇德和母。

第三节　昭　陵

　　清昭陵是清朝第二代开国君主清太宗皇太极及孝端文皇后博尔济吉特氏的陵墓，占地面积为16万平方米，是清初关外三陵中规模最大、气势最宏伟的一座。昭陵位于沈阳（盛京）古城北约5公里，因此也称"北陵"，是清代皇家陵寝和现代园林合一的游览胜地。园内古松参天、草木葱茏、湖水荡漾、楼殿威严、金瓦夺目，充分显示出皇家陵园的雄伟、壮丽和现代园林的清雅、秀美。昭陵除了葬有帝后外，还葬有麟趾宫贵妃、衍庆宫淑妃等一批后宫佳丽。昭陵是清初关外陵寝中最具代表性的一座帝陵，是我国现存最完整的古代帝王陵墓建筑之一。

一、陵寝布局

　　盛京三陵中规模最大、保存最完整的就是昭陵。

　　沈阳昭陵陵区建筑布局大致为：陵区四周设有红、白、青三种颜色的界桩，其南面还备有挡众木（又叫"拒马木"）442架。陵区南北狭长，东西偏窄。陵区最南端是下马碑，其次为华表和石狮。计有下马碑四座、华表一对、石狮一对，它们分别立在道路两旁。石狮之北建有神桥。神桥之西原有涤品井一眼。神桥往北为石牌坊。石牌坊东西两侧各有一座小跨院：东跨院是皇帝的更衣亭和静房（厕所），西跨院是宰牲亭和馔造房。石牌坊以北是陵寝正门——正红门，此门周围是环绕陵区的朱红围墙，又叫作"风水墙"。正红门内有一条南北笔直的石路，叫作"神道"。在神道两侧，由南往北，依次立有擎天柱一对、石狮子一对、石獬豸一对、石麒麟一对、石马一对、石骆驼一对、石象一对。这些石兽统称"石像生"。再往北，在神道正中，有神功圣德碑亭一座。碑亭两侧有"朝房"：东朝房是存放仪仗及制奶茶之地，西朝房是备制膳食和果品之所。碑亭之北是方城，方城正门曰"隆恩门"，城门上有楼，俗称"五凤楼"。方城正中是隆恩殿，两侧有配殿和配楼。配楼俗名"晾果楼"，是晾晒祭祀用果品之处。隆恩殿后有二柱门和石祭台，再后是券门，券门顶端有大明楼，步入券门是月牙城，月牙城正面有琉璃影壁，两侧有"蹬道"可上下方城，月牙城之后是宝城、宝顶，宝顶之内为地宫。宝城之后是人工堆起的陵山——"隆业山"。另在陵寝西侧、与宝顶遥遥相对，还有一组建筑，叫作"宸妃、懿靖大贵妃园寝"，是安葬太宗众妃的茔地。除此之外，在陵寝东西两翼各三里许有陪葬墓：左侧有武勋王杨古里墓及奶妈坟，右侧有贞臣敦达里及安达里殉葬墓。这种功臣陪葬形式是古代陵寝制度，体现了封建君王"事死如事生"的愿望，也体现了忠君思想和严格的封建等级制度。

另在陵区之外，还有藏经楼、关帝庙、点将台等建筑。昭陵建筑布局严格遵循"中轴线""前朝后寝"等陵寝规制。陵寝主体建筑全部建在南北中轴线上，其他附属建筑则被均衡地安排在其两侧。这样的设计思想主要体现皇权至高无上；同时，达到使建筑群稳重、平衡及统一等的美学效果。

昭陵的管理有文武两大衙门：总管衙门主要负责陵区的防卫，关防衙门负责祭祀和陵寝建筑的一般修缮。

清帝逊位之后，昭陵虽然仍由三陵守护大臣负责管理，但由于连年战乱、国库入不敷出，无力对昭陵进行大的修缮，以致陵园建筑残破凋零。当时，有位文人在《游北陵》中曰："涉足昭陵户与庭，辉煌炫目未曾经。莓苔满径无人管，杨柳山中犹自清。"该诗写出了当时昭陵的真实面貌。清代"陪京（沈阳）八景"里有"北陵（昭陵）红叶"。金梁在《奉天古迹考》中说："北陵多枫柳，西风黄叶红满秋林，故名北陵红叶。"

总的来看，沈阳昭陵主体建筑保存至今，地下基础完好，规划、布局依然完整，古建筑与遗址未受后人过多的干预与改变，自然环境也基本保持原始状态，真实性与完整性很高。

二、陵名典故

古代皇陵都有各自的陵号（陵名），这些陵号的来源或体现对皇帝一生功业的总结和赞誉，或者带有吉祥和祝福的含义。

清代陵名一般由嗣皇帝钦定。清代还有一项制度，当遇到陵名与地名重复时，必须将地名换掉，这叫作避讳。可见，帝王陵名是极其神圣的。昭陵一名是顺治元年（1644）八月初九太宗驾崩一周年火化校宫时确定的。对于昭陵陵名的来历，前人有两种不同的解释：一种解释是仿效唐太宗李世民的昭陵；另一种解释是与古代昭穆制度有关。提出清昭陵仿唐昭陵者是乾隆皇帝。他在东巡盛京祭扫昭陵时，表达了这种见解。其实，这不过是乾隆的附会之言。昭陵定名时，大清刚刚打败李自成农民起义军，占据北京，明朝及李自成都还有很强的势力，鹿死谁手尚难定论，很难想象有把清太宗与唐太

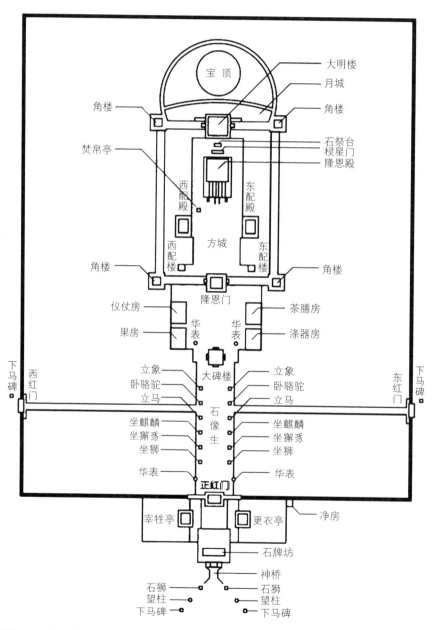

图3-4 清昭陵平面示意图

宗并列的必要。乾隆皇帝之所以把清太宗与唐太宗并列，在于其治政的需要。李世民被历代统治者奉为帝王楷模，他在位23年，礼贤下士，纳谏兼听，国富民强，史称其统治时代为"贞观之治"，为盛唐时期经济文化的高度发展奠定了基础。乾隆把清太宗与李世民相提并论，旨在告诉世人，大清江山也如同汉唐一样，会出现一代新的盛世。

昭陵之名出自昭穆制度的说法也欠妥当。昭穆是古代的宗法制度，此制用于墓葬的排列顺序及太庙神位的排列，其法以祖宗位居正中，其他各辈分按照左昭右穆的顺序，以此类推。盛京有永、福、昭三座陵墓。其中，永陵为祖陵，地位最高；福陵次之；昭陵排列第三。如果按照昭穆制度排列，永陵应在正中；福陵在其左（东），称为"昭"；昭陵在其右，称为"穆"。而现行永、福、昭三陵，永陵在最东，福陵在中，昭陵在西，三座陵寝根本构不成昭穆关系。

昭陵之名可能是出于对"昭"字含义本身的选择。古人以"昭"字作"彰明""显扬"解。昭陵陵名的含义就是将太宗文德武功彰明于世，并使之显扬于后，大至不过如此。

三、陵内建筑

北陵公园在正门外还有两座下马碑、一对石狮，东西两侧各有仿古建筑

图3-5　昭陵正门

图3-6　下马碑

图3-7　华表（一）

图3-8　石狮子

一座。这些应该都是建造北陵公园时为了配合公园整体风格而建的仿古建筑，不是真正的昭陵建筑。昭陵建制与福陵基本相同。四周由红墙围绕，正红门辟于南面正中。门外有下马碑，下马碑用满、汉、蒙、藏、回五种文字镌刻"亲王以下各等官员至此下马"。青石牌坊位于门外正中，四柱三楼歇山顶，雕刻精细，玲珑剔透，具有很高的艺术价值。下马碑后是一对华表，华表之后是一对石狮，石狮之后有一石桥，在石桥南是清嘉庆六年（1801）增建的青石牌坊。青石牌坊东西两侧各有一院落：东为更衣亭和静房，西为宰牲亭和馔造房。

图3-9　牌坊

图 3-10　东房门
（后面是更衣亭和
静房）

图 3-11　西房门
（后面是宰牲亭和
馔造房）

正红门为单檐歇山顶，两翼嵌有五彩琉璃蟠龙壁，造型尤为生动。门内神道两侧排列有华表、狮子、麒麟、骆驼、马、象六对，其中名为"大白""小白"的两匹石马是皇太极生前心爱的坐骑，腿短、体壮，具有蒙古马的特点。北部正中建有碑亭，碑亭旁衬以华表，使其更加突出。东西两侧有茶膳房、涤器房等。

碑亭建于清康熙二十七年（1688），重檐歇山顶，碑额用满、汉两种文字镌刻"大清昭陵神功圣德碑"，高5米有余，重约5吨。碑文有1810个字，记录了皇太极一生的文治武功，为康熙御笔。

图3-12 正红门

图3-13 华表（二）

图3-14 石狮子

图3-15 石麒麟

图3-16 石马

图3-17 石骆驼

图3-18 石象

图3-19　碑亭

图3-20　大清昭陵神功圣德碑

图3-21　华表（三）

　　碑亭北为城堡式方城，是陵园的主体建筑。正中为隆恩殿，建在雕刻精美的花岗石台基上，面阔三间，黄琉璃瓦顶，雕梁画栋，富丽堂皇。以隆恩殿为中心，东西有配殿，四角建角楼，前有隆恩门，后为明楼，中立"太宗文皇帝之陵"石碑。方城北部为月牙形宝城，宝城之内为宝顶，宝顶之下就是皇太极及其后妃的地宫。其后是人工堆砌成的隆业山。

图3-22　茶膳房（左），
涤器房（右）

图3-23　果房（左），
仪仗房（右）

　　隆恩门为方城的正门，方台式砖石结构，单体拱形门洞，门楣正中有石刻门额，上用满、蒙、汉三种文字竖刻"隆恩门"三字。隆恩门上建三层歇山式门楼，俗称"五凤楼"。方城建于清顺治元年（1644），城高6.15米，南北长146米，东西长120米。城墙以青砖砌成，门洞两侧有磴道可供上下。

图3-24　隆恩门

　　正中为隆恩殿，隆恩殿后为方城明楼，远处左右为角楼，近处左右为东、西配殿。西配殿附近是焚帛亭。

图3-25　方城明楼

图 3-26　东配楼

图 3-27　西配楼

西配楼为二层前后出廊硬山式建筑。此楼是明清陵寝中独有的建筑。

图 3-28　东配殿

东配殿建于清初，是祭祀时尊藏祝版和制帛之处。逢隆恩殿修缮时，此殿暂时存放陵主神牌，并按制举行祭祀。

图3-29　西配殿

西配殿建于清初，是举行忌辰大祭礼时喇嘛诵经作法、超度亡灵的场所。

图3-30　西配殿西墙唐卡

西配殿内西墙上按制悬挂唐卡，案上陈设五供。每逢帝后忌辰，不但要在隆恩殿举行祭祀活动，还要从实胜寺、长宁寺等处选派喇嘛在此诵经，为死者超度亡灵。

图3-31　焚帛亭

　　焚帛亭，又称燎炉，汉白玉制，亭内有一圆形火池，是祭祀时焚化祝版、制帛、彩纸、金箔和银箔等祭品之处。

图3-32　隆恩殿

　　隆恩殿，又称享殿。清崇德八年（1643）草创。顺治七年（1650）十一月定名"隆恩殿"。康熙三十年（1691）改建。隆恩殿是供奉皇太极和孝端文皇后神位的地方，也是举行祭祀典礼的主要场所。

图3-33　隆恩殿内

图3-34　角楼

　　角楼，重檐十字脊顶，黄琉璃铺顶，四面出廊，大脊正中装饰琉璃宝葫芦，飞檐四角下坠风铃。角楼为祭祀时官兵守望之处。

图 3-35 二柱门北祭台

　　二柱门，又称棂星门，悬山式琉璃瓦顶。方形石柱间有两扇木板隔扇式对开门。大祭时，开启木门，望陵而祭。门北石祭台为汉白玉造，须弥座式造型。祭台上正中为香炉，两侧有香瓶、烛台各一对。祭台是大祭时主祭者向宝顶奠酒、举哀之处。

图 3-36 明楼内的墓碑

明楼建于清康熙四年（1665），重檐歇山顶，全高23.6米。楼内立一汉白玉墓碑，碑身用满、蒙、汉三种文字竖刻"太宗文皇帝之陵"。1937年5月，明楼被雷火烧毁；1939年修复。

图3-37　月牙城上的
琉璃照壁

图3-38　月牙城

月牙城形如一道弯月，故名，又名哑巴院。城高约6米，边长约96米，北墙正中有彩色琉璃照壁。月牙城是陵寝建筑布局中方城与宝城之间形成的一个特殊空间，两侧有磴道可以上下方城。

图 3-39　宝顶

　　宝城又名罗圈墙，青砖垒砌，上有垛口和女墙。宝城中间为宝顶。

　　宝顶周长约110米，由三合土夯筑而成。为效仿永陵，在宝顶中央栽种一棵榆树。宝顶之下安葬着皇太极和孝端文皇后博尔济吉特氏。

图 3-40　西红门

　　昭陵原有妃嫔园寝，在宝城以西约百米，今烈士陵园西南，全称"宸妃、懿靖大贵妃园寝"，又称"沈靖大贵妃园寝""贵妃园""妃衙门"，俗称"后陵"。《奉天昭陵图谱》介绍：南北长49.78米，东西宽27.6米，呈长方形，坐北朝南，四面有红墙环绕，周长约152米，又说"四十九丈"[①]。其南面有红门，三间，通面阔8.47米，进深3.98米，前后出廊。院内正中是享殿。殿为三间，歇山式，前后出廊，顶铺绿色琉璃瓦，通面阔10.2米，进深5.83米，檐下设有匾额，台基也很低矮，台基长18.15米、宽13.63米，台阶三路，无月台和神道。无神厨井和涤品井。宸妃、懿靖大贵妃园寝内埋葬的主要是皇太极的三位皇妃：关雎宫宸妃、麟趾宫贵妃、衍庆宫淑妃。在大贵妃园寝内，还有一些坟丘，被百姓称为"格格坟"，可能是当时宫中没有名号的宫女的墓葬。大贵妃园寝在清代一直由总管衙门和关防衙门统一管理，另外还有专人看守。园寝四周另有堆房两座，供巡守官兵驻扎。贵妃园寝至清朝末年已经年久失修；到20世纪30年代，已经破败不堪。在民国时期被盗挖，出土情况不明。被拆除后，这里成为一片废墟。据说，北陵公园内的照相部就是用这里的砖盖起来的。

　　昭陵是明清皇陵的重要组成部分，与明清其他皇陵相比，既有许多共同之处，又有很大区别。

　　第一，清昭陵的建筑规制、营造方式、设计思想、建筑选材、祭祀制度和管理体制等与明清皇陵保持一致。明清时期是中国封建集权制度发展的顶峰，也是陵寝制度最完善的时期。同其他明清皇陵一样，清昭陵建筑群也是中国封建社会发展至顶峰时期至高无上的封建皇权统治的产物。

　　第二，陵寝建筑独具特色。中国古代的帝陵从秦汉到唐宋，地上陵寝建筑大多以覆斗形的陵台（陵冢）为中心，前设寝殿，周以方垣并四面设门，前开神道，构成大体均衡对称的方形建制。

　　第三，自然环境幽雅壮观。中国古代帝王陵寝选址都要经过审慎的选择，包括为建筑选择合适的位置和朝向、选择适宜的营造时间，决定建筑内部空间的位置安排等。清昭陵的"风水宝地"是经过钦天监官员本如预、杨宏量精心选择的。清昭陵建在沈阳城北高地上，地势西南低东北高，选择在陵北堆土成

[①]　丈为非法定计量单位，1丈≈3.33米，此处使用为便于读者理解，使行文更为顺畅，下同。——编者注

山而为陵山，南部开塘成湖，形成水流屈曲横过之势，其自然景观显得更为赏心悦目与丰富多彩，更能显示皇帝陵寝的肃穆庄严和恢宏的气势。

第四，清昭陵是明清帝王陵寝中仅存的保护完整的火葬墓之一。火葬是满族及其前身女真族的丧葬风俗，包括昭陵在内的清盛京三陵是这一民俗文化的载体。

清昭陵规制完备、礼制设施齐全，同时选址审慎、设计精到、施工精细、用材考究。其总体布局与山川、水流等自然环境因素密切结合，达到了很高的艺术境界。石牌坊、石像生、神功圣德碑楼、隆恩门、隆恩殿等建筑的设计匠心独具、造形典雅大方、材质精良，是中国古代建筑中的精美杰作，是清王朝兴起时期建筑水平的体现。

清昭陵的建筑规制与明朝皇陵的建筑规制如出一辙，与清代的其他皇陵也有许多相同或相似之处。明清时期是中国封建文化发展的顶峰，清昭陵建筑群集中体现了封建文化顶峰时期的文化成就，对此后的清代建筑及皇陵的建筑规制产生了一定的影响。

清昭陵从1643年开始营建，后经多次增建，形成今天的规模。有清一代，这里是皇室从事礼制活动之处。清朝迁都北京后，后嗣帝王们也曾到盛京祭祀祖茔。因此，清昭陵从一个侧面记录了清王朝盛衰兴亡的历史，陵寝建筑群也记录着清代文化、艺术、科学和技术的发展状况。同时，清昭陵的墓主是清朝第二位皇帝，也是清朝最有作为、最有影响的皇帝之一——清太宗皇太极，他的政治影响波及有清一代，埋葬在清昭陵及其陵区之内的后宫女子及王公大臣等人的葬式与丧葬习俗反映了满族兴起时期与入关后逐渐消亡了的民族习俗。

四、"昭陵十景"

古时，文人多喜欢把某一地方或者一处名胜古迹概括成若干景观，每景以四个字命名，字面工整、对仗，以便于记忆和传诵，以此作为对家乡的赞美。将"昭陵十景"分述如下。

(一)"隆山积雪"

隆山即隆业山。山虽然不高，却草木葱茏。北方冬季严寒，降雪较多，每至严冬，隆业山白雪皑皑，宛如一条披鳞挂甲的银龙横卧于陵寝之后。

(二)"宝鼎凝晖"

宝鼎高两丈，周围长三十丈。表面用石灰涂成灰白色。每当太阳西斜，阳光照射在宝鼎之上，使宝鼎如同一面斜放的镜子，熠熠发光。

（三）"山门灯火"

山门即大红门。古时，因昭陵与沈阳古城之间无高楼阻隔，从陵前远望、盛京城城楼、墙垣、宝塔、殿顶皆历历在目。特别是每年正月十五上元节的夜晚，站在陵前山门处眺望夜色中的沈阳城，但见灯火点点、若隐若现。

（四）"碑楼月光"

碑楼指神功圣德碑亭。相传，此楼顶上琉璃瓦的成分特殊，夜间，在月光折射下，可泛微光。特别是每当十五日的夜晚，明月皎洁之时，楼顶光线折射，越发明亮。

（五）"柞林烟雨"

"柞林"在东红门外以北。相传，每当夏季一阵滂沱大雨之后，天气骤然转晴，这时，柞林在阳光的照射下，会呈现一种烟雾蒙蒙的景观。可能是柞树叶子比较肥厚，易于吸收水分，阳光骤热，叶子所含水分蒸腾之故。

（六）"浑河潮流"

相传，浑河的故道在昭陵之前。有一次，昭陵大祭，正赶上河水暴涨，前来祭祖的官员全被隔在对岸，不能按时祭陵，官员因此受罚。为防止类似情况再次发生，便将浑河改道沈阳城南。"浑河潮流"指浑河改道前河水暴涨的情景。当然，浑河改道之说只是传说。

（七）"草甸莺鹋"

"草甸"指的是陵后红墙以北的一片旷野，俗称"白草甸子"。

（八）"城楼燕雀"

"城楼"指隆恩门的五凤楼。此楼地势高敞，是鸟类的栖息之处。它们在上面筑有许多鸟巢。每当黄昏，经过一天觅食的燕雀从四面八方云集而来，围绕五凤楼上下翻飞。

（九）"华表升仙"

"华表升仙"指的是丁令威学仙得道，变成白鹤，回故乡辽阳的传说。

（十）"龙头瀑布"

"龙头"指的是隆恩殿月台四角伸出的兽头，这些兽头实为排水口。每遇大雨，隆恩殿及月台上的积水从四角的龙头中如同瀑布般喷吐而出。

当然，昭陵的美景并不止于此。以上是昭陵旧貌。而今，随着时代的变迁，有些景物已面目皆非、无迹可寻。

第四节 清代帝陵特点

有清一代，自1644年至1911年，共268年，历经顺治、康熙、雍正、乾隆、嘉庆、道光、咸丰、同治、光绪、宣统十朝。除末代皇帝溥仪未建陵寝外，其余九帝分别在河北遵化市和易县建造了两处规模宏大的帝、后陵寝，是为"清东陵""清西陵"。

清入关前，在辽宁省新宾满族自治县启运山下建造了清朝祖陵——永陵，在沈阳东郊和北郊分别建筑了清太祖努尔哈赤的福陵（沈阳东陵）、清太宗皇太极的昭陵（沈阳北陵），合称盛京三陵，或称清初关外三陵。

陵寝是封建社会皇帝和后妃的葬地，称为"万年吉地"。历代封建统治者都非常注重自己陵寝的建设。清代皇帝更是有过之而无不及。清代帝陵集历代帝王陵寝建设之大成，清帝不惜耗用大量的人力、物力、财力建造举世空前、规模宏大、华丽壮观的陵寝建筑群，以供死后享用。这些雄伟壮丽、古朴华贵的陵寝建筑，一方面体现了清代统治阶级的封建宗法思想和森严的等级制度，成为揭露清王朝剥削压迫广大劳动人民罪恶的历史见证；另一方面充分展示了我国古代科学技术和文化艺术的辉煌成就，是我国劳动人民智慧和血汗的结晶。今天，又成为专家、学者研究清代历史的实物资料。

自后金初年至清朝末年，历时近300年，清朝先后建有永陵、福陵、昭陵、孝陵、景陵、泰陵、裕陵、昌陵、慕陵、定陵、惠陵、崇陵等12座帝、后陵寝（不含后、妃园寝）。这些陵寝建筑都营造得十分宏伟壮观，既有许多相同之处，又各有千秋。大致可以概括为"一朝皇陵，两个时代，三个阶段，四种类型，五大特色"。

一、发展历程

一朝皇陵12座，分布5处，建于两个时代，即"盛京陵寝"的永、福、昭三陵建于后金时期，清东、西二陵的9座帝王陵建于清代。伴随着大清王朝的兴起、昌盛和衰亡，清帝陵寝建设也历经了草创、完善和衰落三个历史阶段。明嘉靖至万历年间，努尔哈赤于呼兰哈达下、苏克素浒河北岸的乔山之阳择地作为家族墓地。后称兴京陵，可视为创建清帝陵寝之始。顺治十六年（1659），改称永陵。至此，永陵成为皇清祖陵，位于清初关外三陵之首。后金及清初立国不久，经济实力不强，大业未成，连年征战，没有足够的人力、物力、财力和精力营建陵寝，因此，清太祖努尔哈赤的福陵与清太宗皇太极的昭陵虽然比永陵宏伟得多，但与清入关后的孝、景陵寝相比，显得简陋、草率、无定制、不完善。盛京三陵是在明末清初朝代更替的特殊历史环境和特定历史条件下产生的，一切典制均属草创，极不完善。这是清帝陵寝建设的第一阶段，即草创阶段。

清入主中原后，天下一统，军事战争很快被发展经济、繁荣文化所取代。自顺治至乾隆走向清朝的鼎盛时期，政治、经济的强大和科技文化的大发展为完善典制、健全陵寝规制奠定了坚实的基础。孝陵是清朝在关内修建的第一座皇帝陵。它是吸收汉文化，袭用明朝皇帝陵寝制度、典仪并结合本民族民俗文化加以改进、发展而创建的体系最完备、规制最完善的清帝陵。景陵在孝陵的基础上，进行了合理的取舍，规范为清朝传统标准的帝陵规制模式。泰、裕二陵均依景陵模式营建。以上四陵是清帝陵寝建设的第二个历史阶段，即完善陵寝规制阶段。

昌、慕、定、惠、崇五陵是清帝陵寝建设的第三个历史阶段，即衰落阶段。嘉庆以后，朝政腐败，国势日衰，内忧外患频仍，内外交困。严重的政治、经济形势迫使清政治无力大兴土木、按照祖制营造陵寝。因此，自嘉庆帝的昌陵开始，改变了传统的陵寝规制。裁撤五孔桥、石牌坊、大红门、具服殿、石像生、大碑楼、二柱门等建筑。道光帝的慕陵更是连陵寝建筑的方城、大明楼、陵寝门也一并被裁去。同治的惠陵被裁去了圣德神功碑亭、二柱门、石像生和神路。光绪帝的崇陵缺少石像生、圣德神功碑亭等建筑。昌、慕、定、惠、崇陵与孝、景、泰、裕陵相比，衰微、变异、残缺，以致不成体统。至于末帝宣统，则连简陋的陵寝也没有。

二、形制演变

由于清帝诸陵寝分建于两个时代，经历三个历史阶段，以及满、汉文化不同等多种因素，因此清代帝陵规制不统一、形式多样、各有千秋。根据各陵寝建筑的突出特点，可以归纳为以下四种类型。

（一）单檐、单碑、栅栏、品字式（原始型）

永陵为单檐、单碑、栅栏、品字式。其主要特征是：陵寝三进院落的右侧接筑方形的省牲所独院。方城、前院与省牲所平面构成品字形。陵寝内的建筑一律单檐。亭殿无斗拱、栏板，垂带无雕饰，陵前无华表、石像生、大碑楼，方城无明楼、二柱门、石祭台，宝城内君、臣共陵，祖、孙同（宝）城，宝鼎微小，无地宫。陵内葬四祖，各有一碑。一切显得简陋、质朴。小木作硬山式前宫门，六扇木栅栏门别具满族特色。

（二）三檐、双碑、城郭、回字式（过渡型）

福、昭二陵为三檐、双碑、城郭、回字式。其独特之处是：方城前后共有两座碑楼，享殿、碑楼皆重檐歇山式，隆恩门为三滴水式（三檐）建筑。方城与宝城墙上有宽5.4米的马道，城上筑雉堞、女墙，方城四角建重檐歇山顶角楼，大红门两侧的围墙在方城和宝城外四面环护，构成平面呈回字形的城郭。这种内城外郭回字式陵寝形制似有军事防御和武力夺天下的寓意。陵前比永陵增加华表、石像生、石牌坊，亭殿后增加二柱门、石祭台、大明楼。与孝、景陵相比，陵前缺少龙凤门、神道、碑楼。享殿后无陵寝门等传统建筑。

（三）重檐、三碑、三进、目字式（规范标准型）

重檐、三碑、三进、目字式是清朝正统规范标准型的陵寝形制。以孝、景、泰、裕陵为典型代表。昌、定、惠、崇陵虽然有残缺，但仍可归入此型。这种形制的主要特征是：在神道上，由前至后，坐落圣德神功碑、神道碑及圣号碑的碑楼，隆恩门、隆恩殿皆为重檐歇山式。陵寝三进院落，方城与宝城的二方一圆院落为南北纵向排列，平面形似目字。陵寝建筑齐全，体系完备。陵寝内由圣德碑楼起，自南而北的主要建筑依次是：五孔桥、望柱、石像生、下马碑、神厨库、龙凤门（或牌楼门）、神道碑楼、东、西朝房、东、西班房、隆恩门、东、西燎炉、东、西配殿、隆恩殿、陵寝门、二柱门、石祭台、方城、明楼、月牙城、宝城、宝鼎、地宫。

（四）重檐、单碑、二进、凸字式（异变型）

只有道光帝的慕陵为重檐、单碑、二进、凸字式陵寝。该式的主要特点是：主体建筑神道碑楼为重檐式，亭殿隆恩殿为单檐歇山回廊式，大殿外不施栏板。裁去圣德碑楼、华表、石像生、方城、明楼等陵寝重要部分。以石牌坊取代传统的陵寝门。宝城内，在五尺高的月台上启建宝鼎，宝城与亭殿的方院为二进院落，平面呈凸字形。

三、建筑特色

清帝陵寝不仅以雄伟壮丽闻名于世，而且在建筑形制、布局、造型、组合、工艺上都有许多自己的特色。可归纳为五大特色，分述如下。

（一）坐北朝南，神道贯穿，居中当阳，中轴不偏

清帝陵寝无一不选在陵山之阳的背风朝阳、窝风藏气的"龙脉正穴"之处营建宝城和宝鼎。由此向南修筑一条长几百米至数千米不等的笔直通道，称作神道，是为陵寝的中轴线。陵寝的主要建筑（如大明楼、隆恩殿）坐北朝南，在中轴线神道的北端，有"居中当阳"之意。隆恩门、神道碑楼、牌楼门、圣德碑楼、大红门等依次在中轴线上坐北朝南向前排列开；既有层层拱卫主体建筑的作用，又有突出中心、强化皇权的寓意。

（二）左右对称，彼此呼应，均衡布局，主次分明

陵寝的次要建筑（如东、西配殿，朝房，班房，华表，石像生，下马碑等）都成双成对、外形一致。它们都以神道为中轴线，左右对称排列，均衡布局，东西遥相呼应，前后主次分明，给人以平衡、稳重、庄严、圆满之感。

（三）经纬组合，高低错落，逐级增高，对比衬托

清帝陵寝的各建筑由前向后是按照一纵一横、纵横交错、一低一高、高低错落，大小对比，互相衬托的形式和规律安排的。一座纵向的建筑的后面必定是一座横向的建筑，由于横向的建筑一般都是主体建筑，都比相邻纵向的陪衬建筑高大，纵、横交错排列的建筑群实际上也是小大交替排列的，形成对比与衬托。侧视则为低—高—低—高的波浪起伏形式。由于陵寝地势南低北高，以及越是主体建筑越高大，因此，由南而北的波浪式轮廓线有时呈阶梯式曲线，逐级提高。正视前后排列的横向建筑的屋脊，如阶梯，上下层次分明。

（四）前朝后寝，二方一圆，南北排列，三进院落

清代皇帝陵最基本的形制是"前朝后寝"，以及由前至后纵向排列二方一圆的三进院落。陵寝门以南为"前朝"，是祭祀活动的场所；陵寝门以北为"后寝"，为已故帝、后安放尸骨的宝鼎、地宫。或云清朝统治者迷信"事死如事生"，皇帝死后到阴间仍然当皇帝，因此，陵寝的方城就是其在阴间的皇城，亭殿就是其在阴间的宫殿。亭殿后面的宝鼎、地宫是帝、后在阴间的寝宫。之所以将方城建成方形、将宝城建成圆形，是分别象征地和天，

以合"天圆地方"之说。

（五）因山建陵，借水添彩，人文、自然、动静结合

利用山形地势营造陵寝，借用水流架桥添彩，把人文景观与自然景观有机结合。流动的河水与静止的景物结合，巧妙地利用优美的自然环境，陪衬和烘托古建筑群的雄伟、壮丽，构成阴阳交会、天人合一、风光旖旎的美好图画，是清朝陵寝建筑的又一特色。如福陵利用方城与大红门之间的地形高度差巧妙地修造了一百零八蹬石阶就是因山筑陵的杰作。不仅使山上的楼与山下的石像生紧密相接、过渡自然，而且给陵寝建筑增加了几分雄姿，并给人带来神奇的遐想。

第四章 东北地区著名宗教建筑

第一节　道　观

一、千山五龙宫

千山五龙宫坐落在辽宁省鞍山市东南10公里的千山中部的五龙谷内。清乾隆三年（1738）由道士彭复光创建，后经嘉庆、道光、咸丰年间和1927年多次重修及扩建，始具规模。整座建筑由正殿、前殿、配殿、钟楼、玉皇阁、大仙堂等组成；内有正殿，前殿，书屋，左、右配殿和钟楼。正殿三间，游龙透脊，梁栋施面，门悬"北极玄天"匾额，中奉真武、药王、邱祖、灵官神像，前殿之中奉慈航道人、龙女、善财等八尊泥塑彩绘道教神

图4-1　千山五龙宫

像；殿右有一巨石，长约10米，前高后低，半掩地下，形如饱食之后正在反刍的一头卧牛，故而人称"卧牛石"；"卧牛"右侧紧贴"牛腹"处有一半月形的水井，名"月牙井"，井水甘甜，四季不涸，为千山古井之冠。书屋五间，为宫内较大的建筑。外围有5米高的石墙，远望似一座孤城拔地而起，独具风格。大仙堂和玉皇阁建在宫后山峰之上，建筑小巧，结构玲珑，掩映于石林绿树之间，宛若空中仙阁。宫外五座峰峦从南、西、北三方蜿蜒而来，至一孤峰前突然收拢，酷似五条苍龙翩翩起舞，形成五龙戏珠之胜。

二、千山无量观

在千山道教"九宫、八观、十三茅庵"中，无量观堪称千山道观之首，由千山无量观派生出的宫观竟达16处之多，即慈祥观、洪谷庵、五龙宫→太安宫，普安观→青云观→天宝庵、南泉庵→朝阳宫→圣清宫、三清观→保泉观、太和宫、凤朝观、圆通观和双泉观。隶属千山无量观下院的还有5座：玄真观、鎏金庵、武圣观、白云观和晏清宫。

千山无量观原名无梁观，位于千山北沟西畅园北侧山坡上。清康熙六年（1667），东北道教开山祖师郭守真派弟子刘太琳、王太祥到千山传道。两人来到千山后，先潜居于佛教祖越寺附近的"古罗汉洞"（此洞系天然石洞，开发先于祖越寺，位于现在无量观西阁后面）。因洞无砖石土木结构，故称

图4-2 千山无量观正门

为"无梁之观",即"无梁观",后取大道无量之意,改称无量观。又因此观为千山道观之首,俗称老观。其处形势巍峨,群山环抱,重峦叠嶂,苍松翠柏环绕于四周。综观之,山势威猛峭拔而又飘逸,景色美丽、深邃而又险奇。无量观这一建筑群依山随景而造,各组殿堂呈阶梯状层层高升,随地形起伏高低交错,气势壮观。总体布局紧凑严整,其正殿、配房等两相对组,呈多进院落形式,正体现了明、清时期宫观建筑特征。

现观内著名道教胜迹有"三殿""一阁""一堂""一楼""二洞""三塔""一台"。原有神像77尊。"文化大革命"期间未能幸免。自党的十一届三中全会以来,随着宗教政策的落实,现已重塑、修复神像56尊,其造型神态似也不减当年。

无量观内道教名胜极多,尤以"三殿"著称于国内外。每年春秋二季,游人如云。"三殿"为老君殿、三官殿、观音殿。

老君殿建造于玉皇阁的大岩石旁,始建于清代康熙初年,后经嘉庆九年(1804)、道光五年(1825)、同治元年(1862)多次重修。殿内供奉太上老君塑像,殿门上悬挂"道教之家"四字匾额。殿内供奉着三清像,两侧墙上则绘有老子过函谷关及孔子问礼于老子的画面。殿内奉泥塑老君。殿外建有道士房三间。老君殿为砖木结构单檐硬山式,屋脊有吻兽、跑

图4-3 千山无量观俯瞰图

兽，梁枋有彩绘，梁下有燕尾，上有墩卡，梁上贴金彩绘，门窗皆为
木雕。

三官殿建于清道光二十六年（1846），在老君殿的右下方，是无量观的
主殿，也是无量观最大的殿堂，面积为98平方米，因祀三官大帝而得名。
"三官"即"天官""地官""水官"。道教相传"天官"可以赐福，"地官"
可以赦罪，"水官"可以解厄。三官殿的殿基较高，房脊雕有呈盘旋状六
龙，其他总体构筑与老君殿相同。为硬山式建筑，砖木结构，面阔五间，进
深三间，前面有回廊、石柱，柱枋之间嵌燕尾木雕，施彩绘。殿脊上砖雕游
龙，斜脊砖雕跑兽。主奉天、地、水三官大帝。在三官大帝前面，有道教护
法神王灵官和护坛土地，东侧是正在过海的八仙，西侧是居住于瑶池的王母
娘娘，左右两边的墙壁上绘有尧王访舜、大禹治水两幅壁画。殿两旁修东、
西配房各三间。

观音殿即今西阁之大殿，初建于清康熙四十年（1701），当时称观音
阁。后于清康熙四十八年（1709）重修，又于清嘉庆三年（1798）、十三年
（1808）重修，并增建钟楼，其后遂改观音阁为观音殿。西阁系倚山之腰夷
平填壑而筑。出无量观山门，有"紫气东来"角门，门两侧有翼墙，进入二
道门，有一院落，即建有观音殿。硬山式建筑，正脊两头有大吻，斜脊雕跑
兽，前面有回廊，柱枋之间嵌有燕尾木雕，施彩绘。殿内奉有观世音、子孙
娘娘等。殿外明柱上挂有清光绪九年（1883）木刻楹联："水界辽河山通华

图4-4 三官殿

图4-5 玉皇阁

表历数代毓秀钟灵真乃东都胜迹，千峰拔地万笏朝天看四时晴岚阴雨遥连南海慈云"。这是千山楹联中文字最多的一副。殿柱上挂篆体木刻楹联："潮月空山茗荬落，露风灵响海天高"。

玉皇阁建造在一直立的巨大岩石的顶部，是无量观最高的建筑，也是无量观最早的建筑。玉皇阁没有用一根木料，全部用砖瓦建成，故名无梁观。日久天长，又衍化为无量观。千山无量观即由此而得名。玉皇阁为砖木结

图4-6 玉皇殿

构，面阔一间，歇山式，正脊两头有鸱尾，滴水瓦雕游经，檐下有仿木砖砌斗拱，造型古朴，阁内供奉玉皇大帝像，阁外有石经幢一座，立于莲花座上。

罗汉洞为一天然石洞，长约10米，宽约5米，高约6米。洞口安装木栅门，洞中间砖砌一道隔墙，留一个小门，形成南、北两个洞，北洞两侧塑十八罗汉，中间塑观世音菩萨。清康熙初年，刘太琳、王太祥二人至千山，在罗汉洞内修真养性。当时，洞内有十八罗汉塑像，刘太琳又增塑真武大帝像，并在洞外刻了"释道同源"四个大字。刘、王二人被尊为无量观的开山祖师。南洞内砌有石板火炕一铺。

"一台"，即"聚仙台"，位于观门前下方山腰一大块黑石上的平坦处。台上有石圆桌一张、石墩六个，周围环以短石垣栏柱及石栏板，皆雕琢而成，造型玲珑，布局精巧别致。相传，昔时常有仙人羽客栖集于此，故称"聚仙台"。

"三塔"，即八仙塔、祖师塔和葛公塔。

八仙塔位于聚仙台之东，建于清康熙初年，是当时盛京将军乌库礼为其道兄刘太琳静坐修真而建。因塔周边的砖有"八仙"浮雕而得名。八仙塔为六面十三级密檐实心砖结构，高约30米，塔基为砖砌须弥座，塔基周围有砖砌仿木围栏，六角有砖砌圆柱。塔身南面有一拱门，高约2米，拱门上面有一石额，上刻"道教无极"四个字，再上面有砖雕寿星像，北面刻有"万古长青"四个字，其余三面是砖雕八仙像，"文化大革命"期间被砸毁。

祖师塔位于八仙塔之后，高约丈许，为六棱形石塔。此石塔即无量观开山祖师刘太琳羽化后之遗蜕墓塔。道俗众弟子均尊称之为"祖师塔"。

近聚仙台有七级石塔，塔身为六壁棱形，高约两丈，其石质坚硬细腻洁白，经精工巧匠镌凿雕刻而成，此即"葛公塔"，系张学良将军捐资所建。

中华人民共和国成立后，于1952年重修无量观，使其面貌一新。无量观的建筑风格独特，其特点为气势宏大、古朴典雅、玲珑剔透。该观除罗汉洞和玉皇阁外，其他均为清康熙年间及其后所建。现在观内建筑有7个建筑群。殿堂、房间计23幢。建筑分别处于不同的高度，沿老观沟口石径而上，有几条弯曲的石阶路。右侧是八仙塔、聚仙塔、葛公塔，之后是山门。山门为硬山式建筑，高背灰瓦，檐下两翼为透雕燕尾，小巧玲珑，古色古香，称为石级山门。门之东高墙长达 40 余米；门西侧有悬崖峭壁，风光极佳。进山门后，是一个院落建筑群，由斋房、东耳房、西耳房、东仓房、茶房等组成，建筑面积为 3700 平方米。站在此处，可仰眺奇峰怪石，俯瞰宝塔奇松。在斋堂之上，又是一处建筑群，由三官殿、东配殿、西配殿、静身房组成。

三、沈阳太清宫

太清宫，原名三教堂。位于沈阳市沈河区西顺城街。始建于清康熙二年（1663）。开山祖师郭大真人，名守真，号弘阳子，原系本溪九顶铁刹山八宝云光洞住持。祖师道德清高，传有异行，功法玄妙，方圆数百里名声大振。当时盛京（沈阳）酷旱多日，民心大乱，清王朝发下布告："如有求雨救民者，升官进爵，重加赏赐。"大将军吴达礼（满名乌库礼）闻得郭祖大名，即日奔赴铁刹山，迎请郭祖来沈，建醮祈雨，三日后，甘霖普降，万民欢悦。清王朝欲请郭祖出山，封官进爵，郭祖婉言谢绝，不受重赏，唯求城垣西北角一段建庙，清政府欣然应诺，遂拨款帮郭祖建下三教堂一座。

清康熙八年（1669），清帝御赐给三教堂《道藏》724 函，使此宫观更加位尊。郭守真羽化于清康熙五十二年（1713），就在三教堂。弟子在宫观内建郭祖塔，以纪念这位沈阳乃至东北道教真正意义上的开山鼻祖式人物。郭祖羽化之后的十几年间，三教堂经历风霜雨雪，日渐破旧。清乾隆三十年（1765），遭逢大雨，殿宇坍塌。时任住持的赵一尘募捐集资重修并扩大庙宇。其后，又有道士出资扩建，前后又是十几年，建成了大致同于现今太清宫的规模。清乾隆四十四年（1779），三教堂在扩建竣工后，改名为"太清宫"。

到了清同治十年（1871），随父移居沈阳的山东安丘人葛月潭出家，在太清宫研习《道藏》，三年后，成为龙门派第二十代受戒弟子。次年，他去北京白云观挂单，研习教理，兼务书画，交往各界，担任该观迎宾知事一年。后重返太清宫修行，在沈阳很有知名度。值得一提的是，他曾出资在太清宫内办学，校名为"粹通学校"；他还出资创办了一座染织厂。之后，他被推举为太清宫监院。民国初年的中国道教总会关东分会就是他倡建的，并由他担任会长，机构设在太清宫。因此，沈阳由于有太清宫，进一步确立了其东北道教中心的地位。

图4-7　太清宫

太清宫有着悠久的历史，同时具有深厚的文化价值。它先后于1962年11月、1963年9月被公布为市、省级文物保护单位，1983年被国务院确定为21座全国重点道教宫观之一。

太清宫坐北面南，山门开于东侧，主要建筑有山门、灵官殿、关帝殿、老君殿、玉皇阁、三官殿、吕祖殿、郭祖殿、丘祖殿、善功祠、郭祖塔等；原有殿堂楼阁及道舍等房室100余间，原占地面积4000平方米。全部建筑系硬山结构，旋子画法；整座庙宇古色古香，颇为壮观肃穆。清乾隆四十四年（1779），又扩建有寮房、经堂、内外十方堂、藏经楼、玉皇阁、邱祖殿，后院建有七层石塔；并增设方丈、监院、执事等，道众百余人，遂改名为太清宫。清嘉庆十三年（1808），又经扩建，始具规模，成为东北道教第一丛林。清光绪三十年（1904），太清宫玉皇阁被火焚烧，断瓦残砖，凄凉触目。因当时资金缺乏，无力修复，道众忧心如焚。事隔三年，道众推举葛月潭道长为太清宫监院。葛监院就职后，大搞经济，广结道缘，筹备资金，于次年春天修复玉皇阁。同时又在太清宫办起一所国民学校，为社会和道教界培养出大批人才。

太清宫几度修缮，如今的主要建筑多为20世纪80年代以来陆续复建而成。全院坐北朝南，南宽北窄，呈梯形，共有四进院落，占地面积5000余平方米，建筑面积1600余平方米。整体建筑既有鲜明的民族和地方建筑风格，又颇具道家特色，采取了四合院对称轴式建筑格局。其内亭台楼阁错落有

图4-8 正门

致，于精巧中透显出宁静与轩宏。各殿比肩接踵，衬以群阁悠廊、宝鼎钟楼，其势恢宏壮观；又加以雕梁画栋、神塑泥彩，其工艺精湛古雅，尽显玄风道韵；间有钟鸣鼓磬，兰香袅绕，恰如道教文化之溢散。太清宫现有灵官殿、关帝殿、老君殿、玉皇阁、三官殿、吕祖殿、郭祖殿和邱祖殿8座殿堂。

在数百年的历史中，太清宫曾保存了数量可观的石刻碑铭，如《郭真人碑记》《太清宫特建世系承志碑》《玉皇阁碑记》等，记载了太清宫创建历史及前后诸监院接替始末，是研究东北道教史不可或缺的珍贵史料。但遗憾的

图4-9 玉皇殿

是，这些珍贵的文物今已荡然无存。

四、海云观

黑龙江省内规模最大、历史最悠久的道观就是海云观。海云观位于哈尔滨市阿城区东54公里的山河镇境内的松峰山上。海云观始建于金代，后被毁。据说，道教派别太一道的始祖萧抱珍在金代时应皇帝的邀请来到东北传教，并居住在松峰山，受到很高的礼遇；金帝还下令为他建立道观，同时御赐"太一万寿观"匾额。元灭金后，松峰山道观一度衰落。清嘉庆年间，开山祖师王教参带领道徒王永昌、苗永平二人来松峰山修道。开始时，他们在松峰山脚下的吉祥屯修道，一面修道，一面在松峰山上的金代庙宇遗址上重修道观，历时多年，终于修成，命名为"海云观"。此后，海云观东北闻名，香火盛极。

海云观背靠巍峨的山峰，坐北朝南，由正殿和东、西殿组成。正殿为三清殿，中间是玉清元始天尊，左边是上清灵宝天尊，右边是太清道德天尊，两边是玉皇大帝和观音菩萨像。东偏殿是关岳殿，内有关羽、关平、周仓、岳飞、岳云、张显的像。西偏殿是三霄殿，有云霄、碧霄、琼霄三娘娘像。在正殿的塑像前，有两根高3米的望天柱，这是当年开山道士王教参建海云观时，从金兀术母亲墓前移来的。

海云观还珍藏着许多珍贵的文物，著名的有金代留下来的碑刻和道教所敬奉的60个星宿之神的雕像。海云观附近还有中国北方罕见的摩崖石刻。

早年间，慕名而来修道的道士与日俱增，一时间，松峰山香火鼎盛。而

图4-10 海云观

且作为重要的宗教寺院，其对周围的土地和山林拥有所有权。每年的四月十八、二十八，都会有大量的人来此烧香祈福。清宣统三年（1911），滨州府的大小官员来此，并且为海云观立了两座石碑，以纪念开山的道士们。

五、吉林辽源福寿宫

福寿宫坐落于辽源市龙首山南麓，是东北最大的道观之一。被誉为"华夏玄门第一楼"的辽源魁星楼便矗立于此。

道教在辽源市有着悠久的历史。远在城市建置之前，清光绪十九年（1893）就有道教宫观建筑的记载。清光绪三十年（1904）至民国二年（1913）间，龙山辽水之间就有大小宫观7座。其中尤以福寿宫最为宏伟、最具规模。福寿宫始建于清光绪二十三年（1897），开山祖师为道教金山派大师王坐全道长。选址于龙首山南麓，背依龙山之首，青山苍翠，脚下东辽河蜿蜒东来、碧水西流。山水俱佳，钟灵毓秀。经过王坐全等数位祖师50多年的修筑、扩建，至辽源解放前夕，已建成依山而上由五层大殿组成的传统宫殿建筑群。

福寿宫有神像百尊，楼台殿阁、房屋百余间，青砖青瓦，古色古香，雕梁画栋，飞檐凌空，红漆门柱，绿树掩映，高雅清幽。宫内藏有大量的道教经典、道教乐章和乐器、道教法器和祭器，有道士50余人。每有庙会，香火鼎盛，盛况空前。为东北著名道教洞天之一。

后福寿宫不幸毁损于战火。经过"文化大革命"，昔日楼台荡然无存。断壁残垣，空谷野花，风凄露下。

"文化大革命"后，百废待兴。适逢辽宁省道教协会会长王全林大师回乡探亲祭祖，遂生重建母庙之宏愿。大师多方募化，历时两年，至1994年，筹资150余万元，重建成慈航殿，三宫殿，护法殿，二进东、西配殿，斋堂僚舍，碑林，武场，角门，围墙等较具规模之建筑。恢复了中断多年的宗教活动。福寿宫重新开光之日，辽源市10万人参加了开光法会。自此，宗教活动兴旺，信众云集，香火旺盛。近10年来，福寿宫之修葺再建，从未停止。福寿宫建筑群中矗立着一座雕梁画栋、大气恢宏的塔楼，那就是有"华夏玄门第一楼"美誉的辽源魁星楼。塔楼共分九层（含夹层），九为天地至阳之数。塔楼高66米，塔基直径40米，塔身直径24米。整体建筑按照道教太极、两仪、三才、四象、五行、六合、七星、八卦、九宫设计，合于天地十方自然之数，气势宏大，雄伟壮观，堪称全国道教建筑之首，可与江南三大名楼——岳阳楼、滕王阁、黄鹤楼——相媲美。它集宗教、历史、文化、艺术、旅游、观光于一体，成为辽源市蔚为壮观的标志性建筑和新的人文景观。

六、牡丹江天仙宫

牡丹江天仙宫始建于清康熙三十一年（1692），迄今已有300多年的历史。天仙宫道观的原址在牡丹江市兴隆镇下屯河，这里原是满族的居住地区。天仙宫是我国北部边陲著名的道教宫观，也是黑龙江省道教界最大的一处宫观。

天仙宫东临201国道，西临龙凤山。这里山峦起伏，松林苍翠，自然景色与道观相辉映，如诗如画，令人赏心悦目、心旷神怡，已成为牡丹江登山览胜的景点之一、

天仙宫坐北面南，由碧霞元君殿、三官殿、玉皇殿、慈航殿、聚仙殿等组成。所有殿宇均采用中国传统的建筑形制，结构严谨，规制整齐。长长的红色围墙、金黄色的琉璃瓦使整个庙宇显得富丽堂皇、庄严神圣。尽管远离京城，位于北部边陲，天仙宫的建筑却具有皇家气派。

高大的琉璃牌楼、朱红色的油漆大门，以及门前两尊巨大的金色巨狮，使天仙宫在丛林中尤其令人瞩目。门首的琉璃牌楼是四柱七顶式，金黄色正脊两端有鸱吻和螭吻，正中饰有火焰宝珠。这是在中国传统的建筑风格和理念上注入了道教的审美思想与价值观念，同时融入了东北地区文化的豪放特色，形成了中国北方特有的风格与气派。

天仙宫娘娘殿香火鼎盛，在牡丹江市乃至黑龙江省都享有盛名。除此之外，聚仙殿也很有特色，这也是天仙宫与其他道观的不同所在。聚仙殿里奉祀16位神仙。16幅神采奕奕的神像都出自一位道号为"痴人"的坤道之手，每幅宽3尺、长6尺，都镶嵌在框中。到聚仙殿祭拜的人川流不息，有送水果的，有送鲜花的，还有送酒、鸡、鱼的。据说，这里供奉的神仙的爱好不同，所以香客们送来的供品也不一样。其中，在"蜘蛛仙"的神像前驻足观看的人最多。原来，这幅神像的框内有许多小虫子，真不知道这些小虫子是怎么飞进框里去的，这大概也算是天仙宫里的一道奇观吧！

七、天成观

天成观位于朝阳市喀喇沁左翼蒙古族自治县城内。相传，明末李自成起义后，崇祯皇帝密诏皇族子弟隐姓埋名遁匿各地。崇祯的三叔改名夏一振，

图4-11　天成观

先出家避难于北京白云观，后又偕子夏阳春辗转云游至今喀左大城子。清康熙六年（1667），夏一振变卖所带金银财宝，修建了一座道观，取"妙于天成"之意，遂名"天成观"。天成观原占地万余平方米，有房屋300多间；现占地2600平方米，主体建筑1700平方米，形成三个相对完整的四合院。总体建筑布局呈八卦形，结构严谨，轴线分明，楼阁相接，错落有致。观中有玉皇阁，三官楼，三皇楼，药王殿，禅堂，经楼，春秋楼，钟鼓楼，东、西配房，东、西廊房，龙王殿等楼堂殿阁60余间。

天成观总体布局严谨，楼堂殿阁互相连接、交错支撑，组成三个严整的庭院。观中建筑大都是大式木结构硬山式，但每个个体建筑又都各具特色。山门是前后廊大式木结构五脊硬山式建筑，东、西配房为异形大式木结构单硬山式建筑，春秋楼为前廊后厦大式木结构硬山楼阁式建筑，钟鼓楼为高台基大式木结构六攒尖亭子式建筑，三官楼和三皇楼均为上、下通廊大式木结构五脊硬山楼阁式建筑，玉皇阁则为高台式四面回廊九脊歇山式建筑。这些建筑高低有别、纵横交错，使人在领略其雄伟多姿之后，又深感其神奇美妙。

天成观的建筑结构可谓匠心独运，其装修技艺也堪称精湛：土沉、斗板、海漫均以石条砌成须弥座；角柱、迎风挑檐、方砖皆为石雕的动物或花卉图案，雕工精细，栩栩如生；高照部分的木雕玲珑剔透，梁枋上的彩绘五彩缤纷、灿烂辉煌，与屋脊上的素塑吻兽形成强烈对比，华丽衬托着庄严。

这巧夺天工的古建筑群反映了我国古代劳动人民的智慧和建筑才能。

八、北镇庙

北镇位于辽宁省北镇市城西2千米的山岗上，是医巫闾山的山神庙，也是全国五大镇山中保存最完整的镇山庙。

北镇庙始建于隋文帝开皇十四年（594），当时称医巫闾山神祠，于金、元、明、清代经数次重修和扩建。《周礼·职方氏》云："东北曰幽州，其山镇曰医巫闾。"故医巫闾山为中国北方之镇山。历代王朝不断尊崇、加封：医巫闾山在隋代被封为"广宁公"，辽、金代被封为"广宁王"，元代被加封"贞德广宁王"，明初被改封"北镇医巫闾山之神"。北镇庙于金大定四年（1164）重修后，改称"广宁神祠"。元大德二年（1298）扩建后，改称"广宁王神祠"，元末被毁。明洪武三年（1370）在原址重建，改称"北镇庙"。据历史文献记载，从隋代开始，各镇山"就山立祠"，建庙设主，春秋祭祀。北镇庙是供奉祭拜医巫闾山神灵之所。自古游闾山者都要先到北镇庙祭拜，故有先祭庙、后游山之说。北镇庙现存建筑保持着明清两代的风格。

北镇庙规模宏大，东西宽109米，南北长240米，庙内建筑从山下到山顶依山势层层向上，排列而成。庙中的主要建筑有御香殿、正殿、更衣殿、内香殿、寝殿五重大殿，建于一个工字形的高台上。五重大殿之前有石牌坊、山门、神马殿、钟楼、鼓楼等建筑，之后有仙人岩、翠云屏等景致点缀。

（一）石牌坊

北镇庙山门前是一块平整的台地，台地上明代弘治间曾建木牌楼一座，清初改建为石坊。石坊正前方1200米处，即由郎家碑去观音洞的路北不远处，曾有高2.5米的香亭一座，因过去入庙祭拜前可先在此拈香遥拜，故称"遥参亭"。1960年尚完好无损，后在"文革"期间被毁，今遗址无存。清代石坊建成后，雍正、光绪间经多次维修，但因石质较差，部分风化。1973年3月，被一场龙卷风刮倒，仅存东梢间一楼。1992年国家拨款20万元，本着"修旧如旧，修旧如古"的原则，尽可能采用原构件再以灰色沉积砂岩雕补破损构件。雕成后建在用花岗条石铺砌的平台基座之上。石坊高9.7米，宽14.2米。为六柱五楼单檐庑殿顶式仿木构牌楼。明间宽3.3米，次间宽2.67米，梢间宽1.78米。各柱为面宽57厘米的方柱。各柱前后和边柱外侧均有夹柱抱鼓石。每间柱上均置平板枋、龙门枋、华板及额枋。平板枋上承庑顶楼盖。楼盖椽望、瓦垄、吻兽、剑把一如大木作。明间龙门枋上两面均有二龙戏珠浮雕。各间龙门枋下置华板。华板为三花如意透雕。华板下置额枋，枋下置浮雕雀替一对。石坊中楼高举，错落得体、造型雄伟、雕刻精细，为石雕艺术杰作。石坊前后置圆雕石狮两对，雕刻精美，神态各异，分别雕成喜、怒、哀、惧四种神情，有较高的艺术价值。

（二）山门

山门，又称仪门，位于石坊北25米的第一层月台之上。为砖瓦式结构歇山顶。面阔三间，17.45米；进深三间，5.58米。绿琉璃瓦盖顶，正脊两端饰吻兽，垂脊和戗脊上置走兽。檐下无斗拱，橼以琉璃砖代替。角梁为花岗岩雕造。底裙由四层条石砌筑。墙体由青砖砌筑。正面辟三券洞门，门高3.4米，宽2.8米。明间门额上嵌石匾额一方，横书双钩楷书"北镇庙"三个大字，传为明嘉靖时严嵩所书。山门两侧围墙顶砌两坡灰瓦。山门东西两侧各辟一角门。山门前左右置花岗岩台阶，月台边缘有白石栏杆围绕，给人以明洁之感。

（三）神马殿

神马殿，又称神马门，位于山门后25米处的第二层月台之上。神马殿是古代向马神祈祷马政事业槽头兴旺之所，故又称马神殿。又一说是举行祭典时喂养御马之地。该殿为歇山式建筑，面阔五间，18.5米；进深三间，9.25米。顶覆灰瓦及吻兽，南侧置格扇式门窗。殿内梁架施以彩绘。东次间立有光绪十八年（1892）之"敕修北镇庙"碑一甬；西次间立无字碑一甬，今碑

图4-12 北镇庙前的石牌坊

首、碑趺尚存，碑身于1968年修建万紫山革命烈士纪念塔时移走，改作题写碑铭之用，现已恢复。殿内塑有神马及马童二像。殿前月台有台阶上下相通，周围有石栏护绕。神马殿阶下两侧，原建有东西相对的硬山式朝房各五间，现基址可辨。神马殿东西两侧有东西横墙一道，墙体东西各辟一角门。行人通过角门可进入北面院落。

（四）钟楼、鼓楼

钟楼、鼓楼位于神马殿东西两侧。

钟楼坐东朝西，为歇山重檐楼阁式建筑，楼基为方形石砌平台。楼体分上下两层，各呈方形。下层面阔、进深各三间，为7米；中辟一高2.2米、宽0.9米的券门；楼内置一扶梯，上通二楼。上层各面宽5.6米，四周环有回廊，每面置有格扇式望窗，前檐柱下装有木制栏板。顶覆灰瓦，吻兽及走兽俱全。檐檩、柱施以彩绘。整体建筑结构合理，形制美观大方。登至楼上，北镇庙北部的所有建筑和行宫可一览无遗。钟楼脊檩上悬光绪十六年（1890）所铸大铁钟一口，钟高1.8米，口径1.5米，重2吨。钟面刻铸"风调雨顺，国泰民安，声垂千古，夜镇八方，累代威灵"及"奉重修北镇庙旨，大清光绪十六年岁次庚寅四月谷旦；副都统衔左翼协领程世荣监修，副将衔直隶升用参将马占鳌监修，遇缺题奏提督广东高州镇总兵鉴色巴图鲁奉左宝贵监修，钦加二品衔行巡抚事奉天府尹裕长，钦命盛京将军奉天总督庆裕，钦命盛京将军奉天总督裕禄，钦差大臣署盛京将军奉天总督安定，金火匠李明广"等字样。

鼓楼位于神马殿西侧，坐西朝东，建筑形制与钟楼相同。原二层楼上置大鼓一面，晨钟暮鼓之音远近皆闻，象征神奠一方，世间永远安宁。

钟、鼓二楼始建于明代弘治间，后于明万历，清康熙、乾隆、光绪年间多次重修或维修。1947年底，钟楼一枋木被人卸走，其余构件保存完好。

（五）碑亭

碑亭位于神马殿北甬路东西两侧，共横列四座碑亭，除东边的一座为六角亭外，余者皆为四角攒尖式。现今碑亭已全部被毁，只存基址。四甬碑由东向西分别为清康熙五十年（1711）的万寿碑、康熙四十七年（1708）的《北镇庙碑文》碑、雍正五年（1727）的《御制碑文》碑、乾隆十九年（1754）的《御制并书·七言律诗》碑。

（六）御香殿

御香殿位于神马殿北24.5米的第三层月台上。古时是用于贮藏朝廷祭典所用香火和供品、陈放朝廷诏书的庙宇，故又称龙亭。该殿面阔五间、进深三间，为大式大木歇山式建筑，顶覆灰瓦及吻兽，檐下置斗拱作三踩。殿堂木架结构作五架梁，分别施以彩绘。殿前月台下东侧上层平台上建石造歇山顶焚香亭一座，西侧对应位置处原置石造日晷一座（基座犹存）。此层月台的东西两侧和石阶之下还立有清代皇帝的御祭、游山诗文碑14甬，有较高的历史价值和书法艺术价值。

第二节　佛　寺

一、哈尔滨极乐寺

极乐寺位于哈尔滨市南岗区东大直街尽头，建于民国十二年（1923）。极乐寺是东北三省的四大著名佛教寺院之一，与长春般若寺、沈阳慈恩寺、营口楞严寺齐名。

极乐寺始建于20世纪20年代，已经历了近一个世纪的沧桑岁月。极乐寺是由北方名僧天台宗第四十三代宗传弟子倓虚法师创办的，整体设计、布局和建筑结构均保留了我国寺院建筑的风格和特点。寺庙占地面积5.35万平方米，建筑面积3000平方米。寺庙牌匾题字出自清末民初著名实业家张謇。寺院坐北面南。进入山门，分四重大殿：一为天王殿，正中供弥勒佛，东西有四大天王；二为大雄宝殿，是全寺最大的殿，供释迦牟尼；三为三圣殿；四为藏经楼。天王殿前方左右为钟鼓楼。院内两侧尚有配殿。庙庭内，分为正院、东跨院、西跨院和塔院四部分，东院内建有著名的七级浮屠塔。目前，该寺为黑龙江省最大的近代佛教寺院建筑，是全国汉族地区重点寺庙之一，已被列为黑龙江省省级文物保护单位。

佛教建筑一般包括佛寺、佛塔和石窟。佛教建筑在初期受印度影响较大，但是很快就开始了中国化。极乐寺建筑群就是中国化的佛教建筑风格与西方建筑风格的结合，包括佛寺、佛塔。极乐寺的布局分为两大部分，即塔院和庙庭。庙庭继承了明、清佛寺的建筑布局，由主房、配房组成了严格对称的多进院落形式。在主轴的最前方是山门———整个寺院的入口。山门为

图4-13 极乐寺

牌坊式，由青砖砌成弧形卷门洞。山门内左右两侧分设钟楼。

中央正对山门的是天王殿，然后依次是大雄宝殿、三圣殿、藏经楼和观音殿。天王殿是三间穿堂式的佛殿，正中供弥勒佛，东西有四大天王。大雄宝殿，供释迦牟尼，是整个庙庭建筑群体的主导建筑物。它在建筑体积和质量上，都在其他单体建筑之上。为硬山式屋顶形式，五开间的佛殿。主轴院落两侧布置方丈室、禅堂、斋堂和佛学院等僧人居住和学习的房屋。两侧的建筑均为后期建设，是借助古代建筑符号的现代建筑，与主轴线的佛教建筑协调、共融。

极乐寺的佛塔位于塔院内。塔院的中轴线为院门(极乐寺的出口)、如来佛雕像和七级浮屠塔。

中轴线两侧布置着五百罗汉庙、圆寂比丘塔、阿弥陀佛殿和舍利塔等塔庙[①]。

七级浮屠塔建于1924年，是一座八角7层楼阁式砖建筑。塔与殿前东西各设两层塔式钟鼓楼，别具一格。塔有木梯，可供登临；楼梯两侧的墙壁上绘有以佛教故事为题材的生动画面。殿和塔檐下的龙、凤、狮、鹤等浮雕的

---

① 于艳辉、郑广佳、韩杰：《浅谈哈尔滨极乐寺的空间布局》，载《黑龙江科技信息》，2009（24），270页。

造型生动、典雅。塔的局部构件和装饰吸收了西方建筑风格，体现出哈尔滨独有的建筑特色。

二、长春般若寺

般若寺位于吉林省长春市长春大街125号。1923年，佛教天台宗大德释倓虚法师（湛山大师）到长春讲"般若心经"，随后，创建寺庙，取名为般若寺。般若寺最初建在南关区西四马路。1931年，迁到西长春大街现址。1934年，被命名为"护国般若寺"。

般若寺占地面积1.4万平方米，建筑面积2700平方米，是长春市最大的佛教庙宇。进入山门，东有钟楼，西有鼓楼。这两座建筑设计奇特、工艺精巧。遇有重要节日，这里就会钟鼓齐鸣。寺院的山门由并列的三座拱门组成，门楼檐角飞翘、错落有致、建工精巧，门侧红墙上写有"南无阿弥陀佛"六个大字，寺内殿堂耸立、树木成荫，蔚为壮观。

整个庙宇进深三层。第一层是弥勒殿，殿内供奉弥勒佛坐像，殿前有一座汉白玉石碑，碑文记载着建庙的详细经过；第二层是大雄宝殿，这是整个庙宇的中心，也是最大的一座建筑；第三层是西方三圣殿，该殿为二层歇山式建筑，楼上为藏经楼，楼下供奉阿弥陀佛、大势至菩萨和观世音菩萨三圣像。西方三圣殿的两侧是大雄宝殿的后院配殿，其中东配殿是观世音菩萨殿，西配殿是地藏王菩萨殿。与前两个院落相比，这里松柏参天、鸟语绕梁，营造出一种古朴、玄远的宗教氛围。

图4-14　护国般若寺

西方三圣殿的后院，是般若寺的尽头，墙外就是纷扰的马路和街市。这个小院内有三座塔型建筑物：前面一座是寺院创建者倓虚法师七十寿辰的纪念像；后面两座分别是倓虚法师和第二代住持澍培法师的舍利塔。

三、沈阳慈恩寺

慈恩寺位于沈阳市沈河区大南街慈恩寺巷12号，为辽宁省很有影响的净土宗寺院。寺庙坐西面东，呈长方形，砖木结构，四进院落，总占地面积1.2万平方米。东临万泉河，有万柳塘公园、带状公园环绕，幽雅而清净。

相传，慈恩寺建于唐代。清初，慧清来到沈阳，在这里重修寺庙。清顺治二年（1645），慧清又对慈恩寺进行了重修，慈恩寺从此成为大寺。

到清代末年，慈恩寺庙宇破烂荒芜，僧人所剩无几。清光绪二十六年（1900），有一个名叫沙霁的和尚来到沈阳。他与当时千山中会寺的法安和尚关系密切，两人商量在沈阳建一座大寺庙。这一设想还得到了当时管理佛教事务的官吏张深海的支持。他们就在原来简陋的慈恩寺旧址上，重新修建了这座规模宏大的寺庙。

民国元年（1912），步真和尚主持重修，先后建山门、天王殿、配殿、钟鼓楼、禅堂、念佛堂、两廊、比丘坛。民国八年（1919），最后完成大雄宝殿，并改寺为十方丛林。

现在，沈阳慈恩寺每逢佛教的重大节日，都举行隆重的佛事活动。不但沈阳和周边的佛教徒与香客前来焚香叩拜，国外来访的佛教徒也会到寺内参拜。

图4-15　大慈恩寺

　　寺院坐西朝东，院内建筑分为三路，占地约1.26万平方米。正面有山门三间，小式硬山造，灰瓦顶。跨过山门，南侧为钟楼，北侧为鼓楼，均为歇山九脊灰瓦，楼亭为二层围廊，下为方形基座。往西，则寺分三路。

　　中路最前为天王殿，面阔三间，小式硬山造，灰瓦顶，朱红地仗，檀枋彩画，殿前檐下左侧置木鱼，右侧置云板，殿内有四大天王和弥勒、韦驮塑像，殿面北两侧有卷棚式门楼。向西依次为大雄宝殿、比丘坛、藏经楼。

　　大雄宝殿面阔五间，进深三间，庑殿顶，前后廊，檀枋彩画，建在高台之上。殿内前面正中供奉三世佛，后面正中为鱼篮观音，南面为十八罗汉，北面为四大菩萨。

　　比丘坛，单檐歇山前廊式，灰瓦顶，面阔三间，进深三间，正脊上装有"法轮常转，国泰民安"文字砖，两端有鸱吻，垂脊上有走兽，殿内供木雕释迦牟尼佛像。

　　最后为藏经楼，两层硬山前廊式，面阔七间，楼下为客厅、禅房，楼上存经卷，原藏有明正统五年（1440）木版藏经1600卷，弥足珍贵。

　　寺院南路自东而西有退客寮、厨房、司房、齐堂、禅堂、法师寮、佛学院等；北路建筑有养静寮、客堂、念佛堂、方丈室、十方堂、库房等。全寺共有房屋135间，建筑面积达2995平方米。

四、营口楞严寺

　　楞严寺位于营口市新兴大街，是东北现存较为完整的民国时期大型寺院建筑群之一。与哈尔滨极乐寺、长春般若寺、沈阳慈恩寺合称东北"四大禅林"，并居东北"四大禅林"之首。呈规则长方形，南向，南北长164米，东西宽49米，占地8036平方米。

　　寺院为三进院落，青砖围墙，规模宏大，气势壮观。山门、天王殿、大雄宝殿、藏经楼南北一线排在寺院中轴线上，两侧有钟鼓二楼和东西配殿。山门为双层重檐歇山式建筑，面阔三间，左右各有一耳门。越过山门，便是一进院落，钟鼓二楼坐落于院前东西两侧。钟鼓楼皆为歇山双层飞檐楼阁式。钟楼正梁悬吊一兽首环铸铁大钟，重约2吨，钟上铸有"营口楞严禅寺"铭文。天王殿建在高1米余花岗岩条石台基上，前后有廊，后廊有一明间。殿内原来雕有弥勒佛一尊，其后有韦驮站像，两侧供奉四大天王，塑像造形生动。二进院落的正殿——大雄宝殿——是整个寺院的中心建筑。大殿

图4-16　楞严寺

面阔五间，硬山式建筑。正脊、两侧为游龙戏珠浮雕塑，正中为塔式火珠，小塔正中，明镜高悬，银光灿灿。原殿内正中雕释迦牟尼佛像，右为东方药师佛，左为西方阿弥陀佛像，两侧则是樟木雕刻的十八罗汉像。大佛端庄肃穆，罗汉千姿百态。

这些木雕像今已不存，现陈列于殿内的是释迦牟尼佛、观世音菩萨、十八罗汉等铜铸佛像。铜铸十八罗汉是东北地区现存较完整的一组，这些佛像神态各异、栩栩如生，为大雄宝殿增色不少。第三进院落正中的藏经楼是寺院内最后部的一座建筑，原楼面阔七间，进深四间，为二层硬山卷棚抱厦式建筑，楼内设有通风道，阁内干燥，适于存放经书。原藏有哲学、医药、地理等各类书籍和经卷数千册。藏经楼因1975年辽南地震遭受损坏，1979年开始重建。重建后的藏经楼改为歇山式、大屋顶、四面回廊楼阁。

石砌筑台基建筑群的独特之处是，各殿均用磨制的花岗岩条石砌筑台基，用青砖磨砖对缝砌成墙壁，施工极为讲究、精细。

1997年10月2日，营口楞严寺和营口市佛教协会举行营口楞严宝塔落成典礼。楞严宝塔建在楞严寺公园内，共9层，塔高61.8米，建筑风格新颖、独特。宝塔的落成给古老的楞严寺增添了一道绚丽的色彩，也为营口市增加了一个对外开放的窗口和旅游景点。

为了充分发掘营口的历史文化遗产，创造良好的旅游环境，改善市民的休憩娱乐场所落后的状况，营口市政府于2012年重修楞严寺公园。2013年，楞严寺公园重新对游人开放。楞严寺公园被分成五个区域：儿童游乐区、山水观赏区、寺庙游览区、密林休闲区和健身娱乐区。各区功能齐备、特色分明。此次重修还将遮挡游人视线的实体围墙拆除，换以造型别致、低矮通透的花墙，并拆迁了寺庙周围及公园附近的其他建筑，使市民可以更加接近园林景观。

图4-17　楞严宝塔

楞严寺内供有西藏佛舍利一粒、倓虚法师舍利五粒，珍藏有《龙藏》《大藏经》各一部。

五、万佛堂石窟

万佛堂石窟坐落在辽宁省义县县城西北9公里的大凌河北岸。它是中国东北地区年代最早、规模最大的石窟群，也是中国北朝石窟中纬度最北、位置最东的石窟群。万佛堂石窟始建于北魏年间，因为常年的自然风化与年久失修，大部分石窟已经破损坍塌，不复存在。它被誉为中国北方石窟造像艺术宝库，同时又是一处融人文景观与自然景观于一体的风景区。

石窟顶上有明成化十年（1474）骠骑将军王锴为其母祝寿而建的圆形小塔一座。西区第一窟最大，东、西、北三壁各雕三佛。窟中心方形塔柱上部有佛像及供养人像。下部四尊佛像为后代补雕。元景造像碑刻在第五窟南壁上。东区现存7窟，造像多已风化无存。第三窟存有千臂观音和二侍菩萨。韩贞造像碑刻在第四窟南壁上。第五窟的题刻手迹是平东将军元景在499年造崖时手书其上的，是重要的史料，并被清末康有为评为"元魏诸碑之极品"。第六窟主像为交脚弥勒。

（一）东区

东区是北魏景明三年（502）慰喻契丹使、员外散骑常侍韩贞等74人开凿的私窟。石窟佛像大者丈余、小者不过盈寸，整个造像群布局严谨、内容丰富、镌刻精巧、形象生动、栩栩如生。所存石刻造像甚少，最为显眼的是一尊"千手千眼观音佛像"，为明清时匠人所塑。此佛泥塑金身，坐于宝座之上，有46只手从周身向外伸展，每只手上有一只眼睛，闪烁发光。手镶千眼，取的是手眼合一之意，教化人们要像菩萨一样，做事切莫眼高手低，要手眼并举，也算是古代人在借佛教文化以警世人。

（二）西区

据碑刻记载：西区是北魏太和二十三年（499）平东将军营州（今朝阳）刺史元景为祈福开凿的。存9窟，分上下两层，下层为6大窟，上层为3小窟，另有部分壁龛。保存较完整的是第一窟和第六窟。由东向西依次排列。进入第一窟，门上刻有"佛光普照"四个大字，窟内为长方形，高约5米，每边长约1米，中央有一方形石柱，上连窟顶，方形石柱四面布满精细的雕刻。尖拱上的佛像、供奉人像和上层佛龛内的佛像，侍者及弧形华幔，化生童子，窟顶的飞天，门内窟壁的千佛式坐佛，都是典型的北魏中期造像，刀法劲健，形象生动。

图4-18　万佛堂石窟

六、沈阳长安寺

长安寺位于辽宁省沈阳市沈河区朝阳街长安寺巷6号。据说，是唐贞观年间尉迟敬德所建。明永乐七年（1409）、天顺二年（1458）、成化二十三年（1487）均有重修。清顺治二年（1645），深泉禅师建造了伽蓝殿。清乾隆三年（1738），又加以修缮。但到清朝末年，日趋颓败和荒废；后来一部分钱行、借贷行的信众捐资重修。

关于沈阳市和长安寺的关系，历来有"先有长安寺，后有沈阳城"的说法，又说："庙在城中，城在寺里。"事实也确是如此，长安本寺和山门相距甚远：本寺在沈阳城大北门以南、钟楼以北，而寺的山门却建在7.5公里外的浑河岸边。

相传，唐太宗曾东游来沈阳，其间人困马乏，就地休息，看见远处有个土岗，虽然不高，可树木很多，遮天蔽日，便起念在此建寺。于是派尉迟敬德为监督，负责建寺诸事。

在筹建过程中，尉迟敬德得到紧急作战命令，匆匆离寺。僧人们此时还不知道把山门建在什么地方，尉迟敬德就派人飞马用鞭一指，急忙上路了。

图4-19　长安寺

于是，僧人就带领工匠们在浑河北岸马鞭所指处建起了山门。后来，在山门和大殿之间，渐渐建起了沈阳城，形成了"城在寺里"的局面。

在历史上，长安寺的香火有过兴旺之时，但到清代晚期已渐颓败，终至断绝，庙宇也渐损毁。清道光二十一年（1841），由钱行、借贷行等商号捐资重修长安寺，并辟为金融交易场所。

数百年来，长安寺历尽沧桑，数经兵燹，损毁严重。至1948年，寺内建筑多已损毁。1985年，沈阳市人民政府拨款310余万元进行了维修，将其恢复原貌，并辟为旅游场所。1985年2月，长安寺被列为沈阳市文物保护单位。设立了长安寺文物管理所。1986年9月，正式对外开放。1988年，被列为辽宁省文物保护单位。1997年3月1日，将长安寺退还给佛教界，由住持照元法师主持修建。今天的长安寺殿宇巍峨，圣像庄严。

长安寺占地约5000平方米，建筑面积约2000平方米。长安寺坐北朝南，为三进四合院。自南向北在中轴线上依次建有山门、天王殿、戏台、拜殿、大殿和后殿等建筑。中轴线两侧对称排列着配房、钟鼓楼、歇山式，建在砖筑高台之上。天王殿，三楹，硬山式。戏台，与天王殿紧密相连，一楹，卷棚歇山式。拜殿也为卷棚歇山式，三楹敞厅。左右两侧是配殿，各五楹，前面出檐。拜殿与配殿、配殿与戏台，以抄手回廊衔接。大殿三楹，歇山式，与拜殿共同建在50厘米高的台基之上。在天王殿、东西配殿、拜殿的空间，建回廊四座，把二进院内的建筑连在一起，颇具特色。大殿是长安寺的主体建筑，体量最大，形制也最宏伟。后殿在寺院的最北端，三楹，歇山式。寺内建筑的木构件，如梁、柱、枋、额、檩、椽、飞子和斗拱等皆油饰彩画，沥粉贴金，金碧辉煌。寺内现存明清碑刻六甬，其中以明成化二十三年（1487）重修长安禅寺碑为最早，也最重要。碑文记载了沈阳中卫指挥曹辅和曹铭的衔名，据考，二人皆为《红楼梦》作者曹雪芹的上世族祖。

七、佑顺寺

佑顺寺位于辽宁省朝阳市新华路东段北侧。清康熙三十七年（1698），北京白马寺喇嘛绰尔济卜地到辽西择地建寺，并看好了荆棘丛中涂满落日余辉的3座古塔边的一块空地；经康熙皇帝批准，第二年破土动工，8年后竣工。佑顺寺之名是由康熙皇帝所赐的。它是朝阳境内唯一保存完好的具有传统建筑形式的藏传佛教庙宇。

佑顺寺坐北朝南，总占地面积16975平方米，现存建筑面积3800平方米。从南至北，共有五进院落，6层殿阁。其建筑布局为中轴线对称式，建筑结构严谨，装饰典雅。大雄宝殿是寺内的主体建筑。

殿外朱墙上嵌有精美的石雕，整个建筑风格充分体现了清初的艺术特点。中轴线上主体建筑计有牌楼、山门、天王殿、藏经阁、大雄宝殿、更衣殿、七间宝座殿等。东西两侧为对称式建筑，从南至北，分别有环房、关帝殿和戏楼，还有钟楼与鼓楼、长寿塔、东西配殿、东西廊房、地藏王殿、五佛殿，以及斋舍、石雕旗杆等。所有建筑均为中国传统的砖木结构。牌楼为三楼四柱式，石基、木柱、重檐青瓦顶。原建筑于1967年被拆除，1989年恢复时，按照原位置向后移30米。山门为歇山式，五间，明间及两次间各设一卷顶门洞。天王殿为庑殿式，面阔五间，进深三间。大雄宝殿为歇山式，是寺中的主要建筑，占地650平方米，面阔和进深均为五间。更衣殿为元宝脊，面阔五间，进深三间。七间宝殿为硬山式，建在5尺高的台基上。乾隆皇帝去盛京祭祖北巡时，曾在此驻跸，并为寺院题写匾额"真如妙觉"，故这里又称行宫。

寺中天王殿、藏经阁、大雄宝殿、七间宝殿等建筑，雕梁画栋。全寺建筑规模宏大，现已被辟为朝阳市博物馆和旅游参观场馆。此寺（馆）坐落在

图4-20　佑顺寺

朝阳市中心地段，距机场3公里，距海港佑顺寺景观码头135公里，寺
（馆）内有良好的环保及消防安全保护设施。自1983年以来，各级政府及相
关部门投入了大量的人力、物力、财力，使该寺得到了彻底的修复。目前，
已恢复到历史最好面貌。现在，佑顺寺以其原有的雄姿展现在游人面前。寺
院在鼎盛之时曾有300多名喇嘛，经阁藏有珍贵经卷400多部。

八、大连清泉寺

清泉禅寺位于大连普兰店市星台镇葡萄沟村。据史料记载，清泉寺始建
于唐贞观二十一年（647），距今已有1300多年历史。

清泉寺坐落于普兰店市星台镇葡萄沟的巍霸山中。它顺山势逐层高起，
气势恢宏，东西长279米，南北长129米。清泉寺又叫吴姑城庙，吴姑城由
锥把式丁字形花岗岩石块所筑，现存墙高2~9米。此城虽经千年，但保存基
本完好，碑文所载为东汉光武中兴时建造。

清泉寺共有四部分：第一部分为山门楼、汉白玉诗屏；第二部分为佛
殿，二圣殿，药王、龙王诸殿，钟楼，鼓楼，石碑；第三部分为玉皇阁、老

图4-21　清泉寺（一）

君殿；第四部分为金母殿。占地面积1700平方米。清泉禅寺建筑风格古雅别致，硬山式与歇山式相衔。虽然为佛寺，却释、道、儒三教荟萃于一体，被誉为"辽南第一寺"。

图4-22　清泉寺（二）

第五章

东北地区著名古塔

第一节　辽阳白塔

辽阳白塔坐落于辽阳中华大街北侧，是全国76座古塔之一，属于国家级文物保护单位。塔高71米，八角13层密檐式结构，是东北地区最高的砖塔，也是全国六大高塔之一。

图5-1　辽阳白塔

一、建筑年代

对于白塔的建筑年代，说法不一。

民国初年的《辽阳县志》说该塔是汉建唐修，但并未提出根据；《东北通史》根据《金史·贞懿皇后传》及辽阳出土的金代《英公禅师塔铭》推测，该塔是金世宗完颜雍为其母通慧圆明大师（金世宗追封其出家为尼的生母李氏为贞懿皇后）增大的葬身塔。中华人民共和国成立后，一些关心该塔的撰稿者也将辽阳白塔说成是金世宗为其母建的葬身塔。

关于白塔的始建年代，学界主要有三种观点①。

其一，始建于汉唐说。据明万历十八年（1590）《重修辽阳城西广佑寺宝塔记》载："辽阳城外西北隅有塔，考诸古传云：'始建于唐贞观乙巳'（645年），再兴于国朝永乐癸卯，奉敕额名于正统初年。中间历宋金元，辽因坏增葺，代不缺人。"此为唐代说，又据后金天聪九年（1635）《广佑寺重修碑》记载："寺始于汉，同时建塔，经唐尉迟恭重修，盖古刹也。"此为汉代说。另据清道光二十二年（1842）《修补广佑寺碑记》载："辽阳广佑寺建自汉唐，群招灵圣，我朝康熙年间，奉敕重修。"此为汉唐说。

上述史料均源于碑记，其中明万历十八年《重修辽阳城西广佑寺宝塔记》的碑刻时间最早，但其依据为"诸古传云"。既为"传云"，其准确性与真实性便有待商榷和考证。而后两则史料记载依旧没有言明根据，特别是《修补广佑寺碑记》的"汉唐"一说，断代相对模糊。后两则史料的记载很可能依然是受"诸古传云"的影响，难以成为定论。

其二，始建于金代说。1922年，在辽阳老城外西北角出土了一块《东京大清安寺九代祖英公禅师塔铭并序》石碑。该碑刻于金大定二十九年（1189），据塔铭载："贞懿太后以内府金钱三十余万，即东都建清安寺，以祈冥福……以二十九年二月辛酉朔，建塔于东都之城北"。又《金史·后妃列传》载："贞懿皇后，李氏，世宗母，辽阳人。……贞元三年，世宗为东京留守。正隆六年五月，后卒。世宗哀毁过礼，以丧去官。未几，起复为留守。……大定二年，改葬睿宗于景陵。初，后自建浮图于辽阳，是为垂庆寺，临终谓世宗曰：'乡土之念，人情所同，吾已用浮屠法置塔于此，不必合葬也。我死，毋忘此言。'世宗深念遗命，乃即东京清安寺建神御殿，诏有司增大旧塔，起奉慈殿于塔前。"

其三，始建于辽。明永乐二十一年（1423）七月十五日所立塔上铜碑记

① 王文轶：《东北古代建筑奇葩——辽阳白塔》，载《哈尔滨学院学报》，2013（5），1～4页。

图 5-2　20世纪40年代，关野贞、竹岛卓一《辽金时代的建筑及其佛像》一书中的辽阳白塔照片

载："该塔自辽所建，金及元时皆重修。"辽阳白塔是辽阳古文化的丰碑，1988年1月13日，经国务院批准，为国家级文物保护单位。

在1982年第二次文物普查时，辽阳市文物部门在辽阳县东王家庄姚姓家中收得金正隆六年《金清安寺通慧圆明大师塔铭》，该刻石于1940年在辽阳老城外西北白塔公园附近出土，塔铭记载："病告诸禅侣曰，吾将逝矣，乃命立浮图于都城之北寺圃之东以为葬所。"①塔铭记载的地理位置与现白塔并非一地，因此否定了金毓黻先生和村田治郎所持金世宗为其母亲通慧圆明大师修葬身塔的观点。1989年，在对辽阳白塔进行维修前测绘时，在塔顶发现明代维修白塔的五块铜牌（四块为重修记，一块为护持圣旨），其中最早一块为明永乐二十一年（1423）《重修辽阳城西广佑寺宝塔记》刻有："兹塔之重修，获睹塔顶宝瓮傍铜葫芦上，有镌前元皇庆二年重修记。盖塔自辽所建，金及元时皆重修。迨于皇朝，积四百余年矣。洪武五年壬子，大军克辽阳。而寺先为兵燹所废，惟塔存尔。幸得各处浮图居旧址者数辈，莫有知其寺额。越癸亥，海洋女真人觉观率徒来归，授副都纲职。开设辽阳僧纲司衙门，僧始盛聚于塔所。作僧舍，构佛殿，寺以白塔称。其后，住山师有曰道圆号镜堂者，续拜副都纲。鼎新建造殿宇，平治基址，得旧时广佑寺碑，遂复寺额。塔之莲台颓坏又久，宝瓮以下八面檐铃亦皆缺焉。永乐十七年岁在己亥，辽东都指挥使司都指挥使王真等发心施财，重修如其旧规，所冀佛日增辉，浮图悠久，时和岁稔，物阜民安，工成乃为之记云。舍财兴修官：辽东都司都指挥使王真、周兴、巫凯、刘清，同知胡俊，佥事范嵩、夏通……"②此碑明确记载了辽阳白塔修建于辽代，还记载了明永乐二十一年（1423）维修时发现的元皇庆二年（1313）维修的记载。

二、塔名由来

明隆庆五年（1571）的《重修辽阳城西广佑寺碑记》记述，该寺有牌楼、山门、钟鼓楼、前殿、大殿、后殿、藏经阁、僧房、都纲司衙门等建筑共计149间，是辽东佛教的活动中心。明代诗人张鏊到辽东时，曾写诗赞曰："宝塔雄西寺，黄金铸佛身。"塔北方形高台上排列有序的石柱础及残砖碎瓦就是广佑寺的遗址，塔前的药师铜佛就是广佑寺的遗物。到了清代，寺的规模缩小，复名白塔寺。1900年，义和团曾在此集会，烧毁了沙俄火车站等建筑，沙俄驻旅顺头领鲍鲁沙特金派哥萨克骑兵北上辽阳镇压义和团，火烧了白塔寺，毁掉了这一古建筑群，仅存白塔耸立于城西，成为辽阳古城饱

---

① 邹宝库：《辽阳金石录》，2页，辽阳市档案馆、辽阳市博物馆编印，1994。
② 同①10页。

受劫难的一大见证。

　　1990年维修，在清理铁刹杆须弥座时，在刹杆与砖缝间发现，在填缝的碎铜片上有年字及汉字偏旁部首，当为金元时代维修时的文字残片。《重修辽阳城西广佑寺宝塔记》提到圆公和尚（葬身塔在辽阳城东台子沟，有塔铭叙其生平事略）主持维修塔寺时，"平治基址，得旧时广佑寺碑，遂复寺额"。说明在明永乐年间修复庙宇时，发现前代寺碑，将明初以白塔命名的白塔寺恢复其原名"广佑寺"，塔从寺名，称广佑寺塔，即辽代东京辽阳府广佑寺大舍利塔。

三、结构参数

　　白塔高71米，为八角13层垂幔式密檐结构砖塔，是东北地区最高的砖塔。塔基为八角形台基两层，外有石块砌边的坡形土台。在两层台基的北面，留有一条铺石的阶梯，可供游人上下。基座塔身都以砖雕的佛教图案为饰。塔身八面都建有佛龛，龛内砖雕坐佛。塔顶有铁刹杆、宝珠、相轮等。因塔身、塔檐的砖瓦上涂抹白灰，俗称白塔。

　　白塔由下而上可分为台基、塔身、塔檐、塔顶、塔刹5部分。

（一）台基

　　白塔砌筑在平面呈八角形的石砌高大台基上，整座塔偏西15°。台基高6.4米，周长80米，直径35.5米。台基分两层：下层台基高3米，每边宽22米；上层台基高3.4米，每边宽16.6米。台基之上为塔须弥座，须弥座高8.6米，向上渐缩，外面青砖雕有斗拱、俯仰莲，斗拱平座承托塔身。

　　塔座下部是叠涩上收的砖壁，上部为两层很矮的束腰须弥座。下层须弥座上束腰部分每面中间为一个半圆形的小券门。每面用砖凸砌出八卦图案，四正四隅合成完整八

图5-3　台基

图5-4　塔基

卦。束腰之上为两层壶门装饰，下层壶门内有一小卧狮，为二十个砖雕双狮
图案，间以一块立砖相隔（大部残毁、头皆不存）。券门两侧各镶砌模印
"双狮戏球"的雕砖板九方。下层壶门与上层壶门之间隔以三行砖：最下一
层砖雕成仰莲纹，中间素面，上层饰以连珠纹。上层壶门为五组一佛二胁侍
砖雕：佛结跏趺坐于龛中，两侧各站立一胁侍。转角处，雕小金刚力士，双
手合十，与上层壶门胁侍同高。壶门之上为两行砖仿木结构砖雕铺作，铺作
为双抄五铺作，不用令拱，勾栏由华拱直接承替木承托，每面补间铺作四
朵，转角铺作出角华拱、列拱。铺作上承栏板（现栏板为1990年维修时补
修。在维修之前，栏板已全部损毁，原形制无考），栏板上为七瓣高大的双
层仰莲，上承塔身。

上层须弥座的束腰每面嵌有模制的一佛二菩萨造像五组：每组都是中间
一块模制的佛龛大砖，龛内一坐佛；两边各有两块立砖，靠内的一块素面，
靠外的一块有模印菩萨像。束腰的转角处有模制的力士立像。这层束腰之上
是一道普拍枋，上有斗拱，承单檐。塔座顶心之上为立在两层大仰莲莲瓣上
的八角柱形塔身。

（二）塔身

塔身高12.6米，8米柱形，转角处为砖砌圆形倚柱。每面置砖雕佛龛，
八面构图基本一致。在长方形的立面上，中间以三行凸砌砖分隔成两部分，
下部中间向内砌成券龛，龛内石雕坐佛一尊，结跏趺坐于须弥莲台之上，双
手结禅定印于腹部。八面造型基本一致。从形象上看，其时代应晚于两侧菩

图5-5　须弥座

萨砖雕，分析当是明代维修时补做。

　　佛龛高9.375米，宽7.55米。龛内坐佛高2.55米，其中头部0.5米，身1.15米，莲花座0.9米。两侧砖雕胁侍高3.25米，宽0.97米，足踏莲花，双手捧钵，或持莲合十，神态可掬。龛上宝盖，璎珞四垂，左右上角，飞天一对，长1.6米，飘然平飞。正南斗拱眼壁，横陈木制匾额4方，高0.5米，宽0.4米，上面雕刻"流光壁汉"4个楷书大字。

　　佛龛内须弥莲座的束腰装饰图案各不相同。佛背后饰以满布券龛的巨大火焰纹身光，身光上隐隐可见红色彩绘痕迹。八面保存状况不一，大部分保存完整，缺失部分在1990年维修时没有恢复，以素面补齐。

　　券龛的门楣顶部除正南面饰宝珠外，其余七面均装饰正面龙头，张口露牙，怒目圆睁，威猛异常。两侧图案则八面各不相同，从南按照顺时针顺序，依次为：双龙戏珠纹、三牡丹花纹、双凤纹、三俱苏摩花纹、双龙纹、

图5-6　塔身

图5-7　东面塔身

蕙草纹、双狮纹、双飞天。其纹饰之复杂、雕刻之精美、变化之多为所有辽塔中仅见。

　　券龛左右两侧砖雕胁侍菩萨，总体造型基本一致：双足赤裸，各站于一朵莲花墩上，着天衣，披璎珞，头戴花冠，头后饰圆形头光。唯手执物品不同：或手执莲花，或手执宝壶，或手端供盘，或双手合十。面容依据手持物品不同而各不相同。下面从南按照顺时针顺序依次介绍。南面左侧菩萨，左手持供盘，盘中盛放鲜花，右手上举覆于花上，眼睛半睁，俯视下方；右侧菩萨与左侧基本一致，唯手持物品不同，其手持药壶，象征祛除众生一切身病、心病，照度三有之黑暗。西南面左侧菩萨则双手捧一盆鲜花；右侧菩萨左手当胸托一盘鲜花，右手小臂上举，施说法印。西面左侧菩萨双手大臂下垂，小臂上举至肩部，掌中似手托物品；右侧菩萨双手当胸，持并蒂莲花，一朵未敷，比喻众生的含藏菩提心，一朵初开，比喻众生初发起菩提心，必能修习善行，证菩提果。西北面两胁侍菩萨均双手合十。北面左侧菩萨双手托盘，盘中盛放鲜花；右侧菩萨也持并蒂莲花。东北面两胁侍菩萨均双手当胸托一小平案板，案上盛放鲜花。东面两胁侍菩萨与西北面一致，均双手当胸合十。东南面两侧菩萨均手持一初割莲花。八面菩萨衣着也富于变化。

图5-8　塔身东面券门门楣（装饰双狮图案）

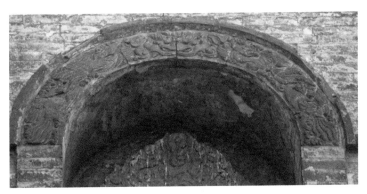

图5-9　塔身西面券门门楣（装饰双凤图案）

图5-10 塔身西南面券门门楣（装饰牡丹花纹）

图5-11 塔身南面胁侍菩萨

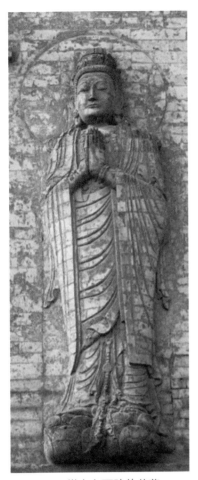

图 5-12　塔身东面胁侍菩萨　　　　图 5-13　塔身东南面胁侍菩萨

　　佛像和胁侍菩萨头顶上方均饰以流苏宝盖，尤以南面最为精美：宝盖呈莲花形，两胁侍菩萨的宝盖被云气托起。尽管八面宝盖形制基本相同，但每一面于细微处各有变化，极尽当年建造者之苦心。

　　塔身上半部为各面主尊大宝盖及二飞天。八面飞天形象各异。四正面飞天基本呈立式；四隅面飞天呈一字形，横飞于空中。南面飞天最为特殊，呈倒立式，腿部朝上，头部朝下，左侧飞天右手持药壶，右侧飞天双手持供盘；西南面飞天呈一字形，横飞于空中，右手托供盘，左侧飞天右手前伸，右侧飞天右手置于身后；西面飞天则为站式，足踏莲花，手持供盘，身体前倾，云气飘带上飞；西北面飞天和西南面飞天造型基本一致；北面飞天和西

图5-14 塔身南面胁侍菩萨上小宝盖

图5-15 塔身南面佛上大宝盖

图5-16 塔身南面飞天（一）

图5-17　塔身南面飞天（二）

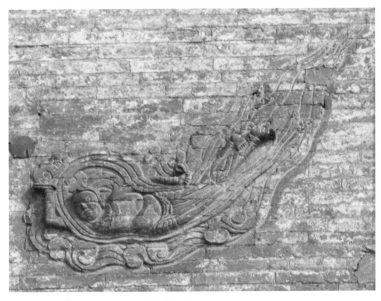

图5-18　塔身西南面飞天（一）

面飞天相似，呈立式，但北面飞天与西面站式飞天不同，是跪在莲座上；东
北面飞天和西南、西北面飞天基本一致；东面飞天最为精美，立于祥云上，身
姿秀美，曲腿弯臂，迎风而舞；东南面飞天与其他三隅面飞天造型基本一致。

图5-19 塔身西南面
飞天（二）

图5-20 塔身西面飞天

图5-21　塔身东面飞天（一）　　　　　图5-22　塔身东面飞天（二）

　　总之，辽阳白塔塔身砖雕，虽然各面总体构图基本相同，但每一面形象各异，在不变中寓于变化，造型比例协调，人物形象庄严稳重，雕刻线条生动流畅，堪称古塔砖雕中之极品。

（三）塔檐

　　塔身上部为密封塔檐，高26.1米。一层檐下有木质方棱檐椽，椽上斜铺

图5-23　塔大檐铺作

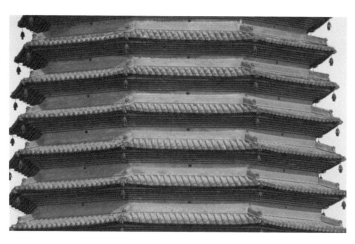

图5-24　密檐部分

瓦垄。第二层至第十三层逐层内收，各层均有涩式出檐，每两层之间置立壁，壁悬铜镜，共镶96面，映日生辉。八角外翘，飞椽远伸，椽头下系风铎，共104个，迎风清响。塔檐由铺作、大檐、密檐三部分构成。铺作为双抄五铺作，补间三朵，转角铺作出角华拱、列拱承托檐枋；砖枋上为柏木檐椽、飞椽，挑出一层大檐；第二层至第十三层则为密檐部分，密檐通过七层叠涩砖拔檐，再反叠涩收檐，每层檐间逐层收分，檐上覆筒板瓦，八角置柏木角梁，上砌垂脊，角梁头装套兽，下悬风铎。

图5-25　维修后的塔刹

（四）塔顶

塔顶为双层仰莲，上筑覆钵，高6.8米，上拴8根铁链，每根长14.15米，分别与八角垂脊宝瓶相连。上装塔刹。

（五）塔刹

塔刹上竖刹杆，高9.5米，

直径0.9米，中穿宝珠5个，火焰环、项轮各1个。宝珠鎏金铜质，周长2.94米，高0.8米。宝珠下系火焰环，周长2.3米。相轮在第二至第三宝珠之间。刹杆帽为铜铸小塔，巍然云天。

第二节　广济寺塔

　　广济寺塔位于锦州市古塔区北三里1号广济寺古建筑群内，为锦州市博物馆驻地。广济寺塔坐落在广济寺内，塔因寺而得名，又因有西关明代小塔（古塔寺砖塔）相比，故称为"大塔"。广济寺塔原名八方镇簪浮屠——无垢净光舍利塔，在历史上也被称作"白塔""舍利塔"。原处于老城居民区中，1999年古城改造，南部辟为古塔公园，西部建成锦州市博物馆新馆。塔的西侧建有天后宫，东侧建有昭忠祠，最南端建有观音阁。建筑布局分为东、中、西三路，按照建筑年代顺序，从中路以观音阁、广济寺塔、大广济寺为最早；次之为西路天后宫；再次为东路昭忠祠。1963年9月，被辽宁省人民

图5-26　广济寺塔全景

委员会列为省级文物保护单位。2001年6月25日，与广济寺合称广济寺古建筑群，被国务院列为全国重点文物保护单位。

　　广济寺塔高矗于古城之中，每当黄昏寒鸦复巢，因而又素有"古塔昏鸦"之美誉，成为"锦州八景"之一。如今，鸦去燕来，不减当年情趣，被评为新十佳景之一"古塔朝晖"，成为重点文化旅游场所。据记载，广济寺、广济寺塔均建于辽道宗清宁三年（1057），寺内除大殿基座部分构件为辽代原物外，余者均为清道光时期所建。

一、建筑年代

　　关于广济寺塔的建筑年代，按照清嵇璜、刘墉等奉敕撰，纪昀等校订，成书于清乾隆五十年（1785）的《续通志·大广济寺塔记》的记载，"清宁三年（1057）立"。这应该是有所依据的。在广济寺大殿前东侧，现立有一方明嘉靖十一年（1532）的《锦州大广济寺重建前殿碑》，此碑文曾在《锦县志》《满洲金石志》中著录。碑文中写道："锦城广济寺古刹也，肇建于契丹之初，无籍可考，有砖塔亭亭凌空二百五十尺，中分八方，镌佛像一坐龛中，两像旁立。中嵌一铜镜。共13层，每层八角，每角横出楠木榱题，冒以铜兽，吞口缀以铜铃。每层中各嵌铜镜三面，冠以鎏金宝顶，造于辽道宗清宁间，藏皇太后所降之舍利子也。金中靖大夫高璉所撰塔记大略如此。至正末世变兵荒，民逃僧散，城、寺俱墟矣……。大明嘉靖十一年……"通过以上记载可以确定，此塔应建于辽道宗清宁三年（1057），是辽道宗耶律洪基为尊藏其母仁懿皇后萧挞里所天降之舍利（感应舍利）而修建的。清代《续通志》应是依据此碑，并且极有

图5-27　广济寺塔

可能依据金代中靖大夫高琎所撰《塔记》一书。可惜，金代中靖大夫高琎所撰《塔记》今日已经无法找到。否则，这将是一本极有价值的关于塔的专题书。

关于大广济寺塔，还有一个传说：塔下有个海眼，里面有条被四海龙王锁进去的吃人蛟龙。铁树开花时，蛟龙才能出来。渐渐地，海眼变成了井。有一天，一个女子在挑水时，把头上的绒花放在井沿上，蛟龙以为铁树开花了，要冲上岸。水忽然向四周漫开，一个老秀才冒充四海龙王把蛟龙吓了回去。后来，人们在井上建了一座高塔，把蛟龙给镇住了。

二、结构参数

广济寺塔属于典型的辽代佛塔，为八角13层密檐式实心砖塔。残高53.11米，由基座、塔身、塔檐、塔顶4部分构成。大广济寺塔历经900多年的风吹雨打及战火袭扰，塔身塔座严重风化剥离。塔檐每层各角原来都有楠木挑梁，上托檐角，下缀铜铃，现多已脱落，仅西北角还剩11根。塔顶早在明永乐年间就被明军用炮打落。塔上砖雕的梁、柱、斗拱和花饰等也多半脱落。塔座在1933年用青砖维修过。1996年按照原貌进行全面维修后，古塔塔高71.25米，上设古刹天宫，鎏金宝顶和13层塔檐已全部修复，34面铜镜布满塔身，熠熠生辉，塔上砖雕无不细腻逼真，塔身塔座八面各雕有佛像、胁侍、飞天、金刚、力士、宝盖、花卉等，细致丰满，每件雕刻都称得上精美的艺术品，堪称我国古代雕塑之瑰宝。广济寺塔在东北乃至全国古塔中都属比较高大的，但它大而不憨，给人以壮美之感。

（一）基座

基座又分台基、须弥座束腰、勾栏平座、仰莲座4部分。新的台基每

图5-28　维修前的广济寺塔

边长10米，须弥座束腰，两层。下层束腰部分每面各置版柱5个，设壶门4个，壶门中有人物、花卉等浮雕。下层束腰用单斗，只为承托上层束腰。上层束腰每面各置版柱5个，设壶门5个，壶门内置坐佛一尊，都结跏趺坐，结契印。门外两侧立郏雕，有供养人、祥云、花卉、乐舞人等。上层束腰上部作普拍枋，枋上用砖雕铺作，补间铺作计4组，为双抄五铺作，上托勾栏平座的下枋。勾栏平座由望柱、寻杖、栏板等组成，栏板雕曲尺纹。勾栏平座上置仰莲座。

（二）塔身

塔座平座之上是一个巨大的仰莲，承托着塔身。塔身八面，每面雕有一佛二胁侍、三个宝盖和两位飞天。飞天翱翔于上，大佛端坐龛中，胁侍肃立龛旁。第一层塔身的各面设圆形倚柱，券顶佛龛，龛内有一尊坐佛。各面的坐佛除正面的著冠外，其他均为螺发高髻。佛龛的两侧各有一尊立佛。上方有飞天，四周装饰着吉祥的云纹。

塔身八面正中拱形佛龛内均有砖雕佛像，除正南头著花冠外，其余均为螺髻，身披袈裟，结跏趺吉祥坐于须弥莲台上，身后饰以火焰式通体身光。龛门上雕以忍冬缠枝花纹。佛龛两侧各立菩萨一尊，脚踏莲花，头戴花冠，身披璎珞，头部饰以圆形头光。佛和菩萨上饰以流苏宝盖，各面样式基本相同。在每面塔身顶部两侧，饰以飞天，灵动传神，虽然多面残缺，但保留下来的均极其精美。整体造像比例协调、相貌庄严，具有典型的辽代风格。塔身每面嵌有六面铜镜（均是新补上的），塔身转角砌有带侧脚的倚柱，其上部用阑额与

图5-29　塔身飞天

普拍枋相连。在柱头及普柏枋上置铺作，分补间和转角两种，均为双抄重拱七铺作计心造。补间铺作出二道华拱，中间作泥道拱一层、枋一层。转角铺作做法与补间不尽相同，其上左右各有一道斜拱，以承托大檐角梁。

图5-30　塔身正面佛龛及两侧立佛

图5-31　塔身侧面佛龛及两侧立佛

（三）塔檐

塔檐共13层，早在明代就已经残损得差不多了。维修之前，没有一层腰檐；根据残存的木构角梁，推出13层檐的尺寸。现展示给大家的，均为新修之作。此塔在未维修之前，像一个玉米棒子；新修后，上面12层采用叠涩出檐。塔檐每层各角都缀有铜铃。

此外，塔顶和塔刹也在维修前全部损毁；维修时，按照别的塔的式样进行设计，其形制与崇兴寺双塔如出一辙。

第三节 广胜寺塔

广胜寺塔位于辽宁省义县义州镇南街，原名嘉福寺塔，是北方诸多辽塔中始建年代久远且保存完好的古塔之一。1980年前，此塔名为嘉福寺塔，因清顺治年间在塔下建寺庙名嘉福寺，所以塔因寺名。该寺在日伪时期被毁坏，塔则巍然独存。1980年5月1日维修塔台，在清理遗址时，发现了辽代古幢一段，记有"大辽国宜州广胜寺前尚座沙门可矩幢记，门资怀直建。维乾统七年岁次戊巽朔二十九日"。据此幢所记，方纠正了明清的谬误，将其塔更名为广胜寺塔，并确定了建塔年代为大辽乾统七年（1107）。1988年12月，广胜寺塔被辽宁省人民政府列为省级重点文物保护单位。2013年，被列为国家级重点文物保护单位。广胜寺塔是历史的见证，是辽西城镇佛教发展的一个缩影。它不仅对研究义县的佛教发展传播，而且对研究整个辽西地区佛教发展传播，都具有不可替代的价值。广胜寺塔在现存辽代砖塔中，具有较高的艺术价值，塔身的浮雕坐佛、宝盖飞天、胁侍等虽然经历千年风雨，但大都保存完好，而且雕工精细、比例匀称、栩栩如生，是辽代建筑中不可多得的上乘佳作。

义县，在辽代为宜州，属辽中京兴中府所辖。《辽史·兴宗本纪》载："统和八年三月置宜州。"《辽史·地理志》载："统和中，制置建、霸、宜、锦、白川等五州，寻落制置，隶积庆宫，后属兴圣宫。""宜州，崇义军，上，节度。本辽西累县地。东丹王每秋畋于此。兴宗以定州俘户建州。"有辽一代，密教极为盛行，不仅有新译瑜伽密教流行，而且有密教义学兴起，民间传统的密教信仰更是普及。"关于新传入的无上瑜伽密教，缺少史料记载，但有零星的记载表明，金刚乘在辽代还是很活跃的，仍然左右着皇室的信仰。"①辽代宜州晚期的佛教是一种平等双修，以华严为显圆，以诸部陀罗尼为密圆，平等无异，显密双修的信仰。正如《显密圆通成佛心要集》中所说："如来一代圣教，不出显密两门，于显教中虽五教不同，而《华严》一经最尊最妙，是诸佛之髓、菩萨之心，具包三藏，总含五教。于密部中虽五部有异，而准提一咒最灵最胜，是诸佛之母，菩萨之命，具包三密，总含五部。"收藏于义县文物管理所院内的辽天庆十年（1120）《佛说佛顶尊胜陀罗尼经幢》刻写的内容，充分体现了当地辽代晚期显密圆通的信仰形式。广胜寺塔正是在这种时代背景和佛教信仰背景下修建的。

广胜寺塔为八角13层实心密檐式砖塔。高约42.5米，由塔台、塔基、塔座、塔身、塔檐、塔顶6部分组成。现塔顶残损，塔刹不存，原来形式已不可辨，用白灰平抹加固为平削式。塔身下部束腰处各面均筑有壶门。门内皆雕有伎乐天群像，各个姿态优美，有的作舞蹈式，有的作奏乐式，反映出辽

图5-32 广胜寺塔全貌

---

① 吕建福：《中国密教史》，北京，中国社会科学出版社，1995。

代歌舞艺术的质朴、纯真。束腰的上枭枋处均雕一狮子，使其形成不露声色的无畏宝座图案。束腰座上还雕有仰覆莲座。

图5-33 广胜寺塔修复前塔身全貌

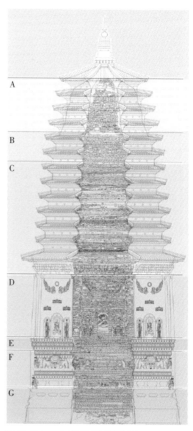

图5-34 广胜寺塔维修图

（一）塔台

广胜寺塔的塔台呈梯形，高3米，南北长70米，东西宽南端29.20米、北端24.70米。塔台北部建有庙宇。根据清乾隆五十一年（1786）《义州重修嘉福寺及塔台碑记》载，清代前塔下培一高台，清康熙年间高台倾圮。清乾隆五十一年（1786），"培补塔根，包筑石台"。

（二）塔基

在塔根部外地表以下约25厘米深处，即为该塔塔基。塔基为细砂土夯筑。根据勘察时简单清理塔四周的情况可知，塔基夯土在现塔座外缘平均约

3米处，距地表深约25厘米。塔座为束腰八角形，各边相等。束腰中部有伎乐天浮雕，雕刻精美细腻。束腰上部各角雕立姿佛像，各面雕伏卧状兽头。

基座下无基台，须弥座直起于夯土之上。须弥座由双层束腰及莲台组成，整个须弥座共砌筑115块砖，通高10.19米。下层须弥座束腰部饰以壶门，壶门隔以版柱，每面束腰宽为5.25~5.3米。下层须弥座每面置壶门3个，版柱2个。壶门内砖雕伎乐天人，有吹、打、弹、舞等各种形体姿态。壶门外侧立郏雕供养人等图案。人物多数身体健硕、丰胸鼓腹，具有唐代造像遗风。身披飘带，飞舞灵动，雕刻技艺精美。

在现存辽金砖塔中，须弥座上砖雕大个伏狮的仅有三例，分别是辽代义县广胜寺塔、辽代海城析木金塔、金代宁城中京小塔。相比多数辽金古塔须弥座壶门中的小个伏狮，大块头伏狮无疑要引人注目，其给人的视觉冲击和艺术享受是小个伏狮所做不到的。

图5-35　塔基

但义县广胜寺塔和宁城中京小塔的大个伏狮相比海城析木金塔要略逊一筹，并且宁城中京小塔的伏狮较义县广胜寺塔要保存完好一些。不过义县广胜寺塔的伏狮还是有独到之处的，即全塔砖雕伏狮并不止壶门中的八只。广胜寺塔四个正面的主尊身下为生灵座，其上的雕刻恰恰也为伏狮。

（三）塔座

塔座在塔基夯土层上直接铺砌。塔座为须弥式，塔身为八角形，每边长6.2米，约占塔高的五分之一，束腰比较宽大。塔身八面均有浮雕，造型各异，体态轻盈，衣盖飘拂，彰显辽代建筑风格。中间有灰砖伎乐天浮雕，高约50厘米，雕刻精美细腻，有的展现舞姿、有的手执乐器吹笛吹箫、有的打羯鼓等。上枭每面各浮雕狮兽屈身昂首，下踏束腰，上顶上枋和地伏（即莲座）。在每个角上，雕有一姿态威武、披甲戴盔的力士，手执兵刃。下枋和下枭浮雕有云草纹。上枋和地伏合于一起，作仰莲式承托塔身。

（四）塔身

塔身建在地伏莲座上。塔身八面都有浮雕，每面下缘两倚柱中间宽515厘米，上缘两倚柱中间宽500厘米，各面之间以半圆形倚柱间隔。八面构图基本相同，转角处又雕一圆形角柱。正南一面在西角柱中间有一拱式龛门，券龛内高290厘米，宽110厘米，进深53厘米，高度约占塔身高度的五分之二。龛内有一砖雕之佛端坐在莲座上，手作捏诀样，头戴宝冠；龛的两侧各立一胁侍，身披袈裟，头顶宝冠，垂手站立，作天男相。坐佛通高272厘米，其中佛莲座高79厘米，四正面狮座凸出券门42厘米，在券龛之上置蕙草纹龛眉，龛眉上饰大宝盖，大宝盖高90厘米、宽170厘米，头上均有砖雕宝盖，后有背光，精美细腻、体态轻盈。其他各面姿态虽然不近相同，但大同小异，如坐佛的手势不一，有的下垂、有的合掌等。佛及胁侍的顶部皆有宝盖，宝盖之上装饰两飞天，作向佛而飞的姿态。飞天左右对峙，围绕着下方坐佛，手持供品，飞绕在云中。两飞天之间上方雕刻莲花一朵，直径57厘米，花心嵌铜镜一面，铜镜直径33厘米，现已无存。

飞天整个构图紊而不乱，生动怡人，呈现出古朴之美。塔之上半部为檐部，八面各转角处倚柱上皆雕成砖枋，枋上为斗拱。转角上拱为斜角拱式。补间有斗拱两朵，为地跳五铺作。斗拱上托撩桅枋，枋上出叠涩檐。檐上再出短塔身，短塔身之上再出叠涩檐。依此，直至13层，形成13层密檐，塔顶风雨剥蚀严重，让人难见完整风采。据《义县志》（民国31年版）记载："……每层每面有铜镜三板，古色苍然，唯已脱落多枚矣……其北面佛顶镶宝石一块，半寸圆方，浅绿色。"在砖雕的大额枋和平极枋及角柱、头上都有斗拱，每面是转角铺作两攒，补间铺作三攒，每攒作二跳五铺作，转角铺作有斜拱，这是辽金建筑的特殊风格。

龛外两侧各浮雕一尊胁侍菩萨，高约230厘米。菩萨身材与主尊佛身材体量相当，头部低于佛头约40厘米。菩萨头部饰有环形头光，头光直径70厘米，环径13厘米，双脚赤足，每脚各踏一朵莲花墩，手印各异，项佩璎珞，身着天衣。在佛龛和胁侍上部各浮雕有小流苏宝盖。小流苏宝盖高65厘米、宽110厘米。除西面大宝盖右上角略残外，八面大小宝盖均保存完整。四个正面佛龛内设生灵宝座，须弥座下部是屈身昂首的伏狮，上置仰莲台。四个隅面佛龛内只设须弥座，不设生灵座，上置仰莲台。各面仰莲台上圆雕坐佛一尊。八面坐佛均着宝冠，身披袈裟，手印各异，头后都有火焰头光。在佛龛眉上、大流苏宝盖下，大流苏宝盖和两个小流苏宝盖之上，原应有铜镜一面，现均已缺失，只存固定铜镜的铁钉。加上每面塔身最上方莲花心中所嵌铜镜，每面塔身原应有五面铜镜。

图5-36 塔身券龛

（五）塔檐

塔身之上为塔檐。塔檐由铺作、大檐、密檐3部分构成。整个塔檐共有13层，运用叠涩出檐法。两檐之间有排列整齐的三面铜镜，部分脱落；每个檐角上都有垂脊；角椽上有砖刻套兽，套在木质的角梁头上；木角杆上挂有风铃，风吹铃响，悦耳动听。塔檐由下向上尚存8层，塔的刹座、项轮、宝瓶等已经无存。

　　在塔上现存铜镜中发现两面刻款铜镜，其中一面为"义州弘政验记"，另一面为"西京官记"。这两面铜镜均为金代铜镜。据《金史·地理志》载："义州，下，崇义军节使。辽宜州，天德三年（1151）更州名。""弘政县，辽置，金沿用。""弘政、开义、同昌（义州领之）为北京路四十二县之三，按金史诸县，弘政（据《全辽志》，辽弘政县在义州东北二十五里，金弘政有凌河）、开义（辽金开义在义州南四十里，领义州西四十里之镇，一曰饶庆）、同昌（据《辽史·地理志》，同昌在宜州北一百六十里）为中县，各置丞一员，主簿一员。"据此可知，此塔在金天德三年（1151）后，进行过维修。"西京"，为金西京大同府，沿用辽代西京。此镜当为从山西大同携至义县。

　　（六）塔顶

　　原塔刹已遗失，现塔刹应为后加。

图5-37　塔刹

第四节　八塔子塔

　　八塔，俗称八塔子，位于辽宁省锦州市义县西南约10公里前杨乡八塔子村。八塔子村南临沟壑，北靠季节河，西连群山，东距锦承铁路1.5公里，东北距县城11公里。八塔山因有八座子塔矗立其上，故此得名。八座塔虽构造简单又无雕饰，但形制大小各异，排列错落有致，别具风格。八座塔分别建在酷似飞腾的龙形山上八座凸起的山峰上，是辽圣宗为纪念佛祖一生的八个阶段而建，也是世界上唯一纪念佛祖释迦牟尼一生八个阶段的塔林。1988年12月20日，八塔子塔被辽宁省人民政府列为省级文物保护单位。

　　据考证，八座塔始建于1020年，与奉国寺建造年代一致。塔身均用青砖砌筑，塔高为2~4米。1983年夏，辽宁省博物馆专家考察八塔子时，在二塔塔身东侧发现"菩提树下成佛塔"七字塔铭，此塔铭恰与兴城白塔寺楹柱雕刻的"辽代八大灵塔塔铭"中的二塔塔铭吻合。八塔塔身铭文分别为："净饭王宫生处塔""菩提树下成佛塔""鹿野苑中法轮塔""给孤园中名称塔""曲女城边宝积塔""耆阇崛山般若塔""庵罗卫林维摩塔""娑罗林中圆寂塔"。

　　由此可推断，建塔目的是纪念佛祖释迦牟尼一生的八个阶段。对八塔塔铭的解读佐证出：辽太祖耶律阿保机始建大辽时并不信奉佛教，后来的辽代

图5-38　八塔子塔

历任皇帝对佛教似也不感兴趣。982年继位的耶律隆绪（辽圣宗）在母亲萧绰的帮助下亲政，后修建了八座塔供佛。为表现"佛"的友好、慈善、公正，他废除了"一人犯罪连坐""契丹人殴汉人死者偿以牛马"，修改了"同罪异论法""贵贱异视法"等多项带有民族歧视的条律；在全国大力实施息赋免徭，减轻农民负担；在对外政策上全力倡导和平，与宋朝缔结"澶渊之盟"，结束了宋、辽连年征战的混乱局面，使长城内外社会稳定、百姓安居乐业，也使佛教的传播日益广泛，鼎盛的佛教文化渐渐取代了被北方各民族信仰了几千年的萨满教。神奇的八塔成了契丹人心目中的圣地，来自黑龙江、辽河流域的朝拜者络绎不绝，山下宏大的八塔寺更是香火常盛。

如今，以八塔为中心的50公里范围，东面的医巫闾山，北面的海棠山，西面的大青山、凤凰山，南面的北菩陀山，仍存有始建于辽代的青塔寺、茶山寺、西方寺、双龙寺、双峰寺、圣水寺、玉佛寺等佛寺百余座。当时辖八塔山区域的宜州城（今义县）也建起奉国寺、广胜寺、净胜寺、地藏寺、石佛寺等寺院二十多座。

八塔建筑在一条险峻山脊的八座山峰上，由东向西依次排列，第一塔为正方形，须弥座束腰式，实心砖砌二层，塔高3.34米。第二塔为正方形，空心砖砌，塔高3.87米，塔顶渐收，略呈三角形。第三塔为五角形，实心砖砌，塔高2.06米。第四塔为十面形，实心砖砌，塔高2.49米。第五塔为八角形，实心砖砌，塔高1.91米，塔顶呈锥子形。第六塔为六角形，实心砖砌，塔高2.31米，塔顶略呈锥子形。第四至第六塔南侧山坡上曾建有娘娘殿三间、药王殿一间、僧舍三间，并置石碑二通、铸铁钟一口。第七、八塔因损坏，按照第一、二辽塔造型复修。第七塔东南曾有望海寺三间，内供释迦牟尼像。第一、二塔为辽代僧灵塔，第三至第八塔早年毁坏，清代后修。中华人民共和国成立前，每年农历四月十八这里有庙会，大小车辆摆满河滩山脚，游人络绎不绝，十分热闹。

（一）一号塔

一号塔塔铭为"净饭王宫生处塔"。净饭王宫即前6—前5世纪时印度北部迦毗罗卫国王宫；净饭王即迦毗罗卫国国王，乃释迦牟尼佛之父。此塔铭明确指出释迦牟尼生于迦毗罗卫国王宫，是净饭王的王储，是这一古老国家的王位继承人。但是，这位王储在29岁时，痛感人世生老病死各种苦恼，又不满当时婆罗门的神权统治及其梵天创世说教，舍弃王族生活，出家修道，遍访名师。经过六年苦行，终于在菩提伽耶城的菩提树下成道。

图5-39　一号塔

（二）二号塔

二号塔塔铭为"菩提树下成佛塔"。菩提伽耶城被传为释迦牟尼成道之地，所以北宋前期游印度的中国僧人在此立碑。共有汉文碑刻五方，其中最早者立于公元10世纪80年代，最晚者立于宋明道二年（1033）。由于佛道故事讲释迦牟尼于菩提树下"成道"，因而"菩提"二字也就成了佛教的专用名词，有了"觉""智""道"的意义，可以指豁然开悟、如人睡醒、旭日开朗的彻悟境界，还可以指觉悟的智慧和途径。

图5-40　二号塔

（三）三号塔

三号塔塔铭为"鹿野苑中法轮塔"。此塔是纪念释迦牟尼在鹿野苑中开始传教，为阿若憍陈如等五人说苦、集、灭、道"四谛"以及"八正道"等，佛经称为"初转法轮"。关于鹿野苑，唐太宗所撰《大唐三藏圣教序》中载言曰："双林八水，味道餐风，鹿苑鹫峰，瞻奇仰异。"佛经载鹿野苑在天竺波罗奈国。佛教神话说，佛之前身为波罗尼斯国王，有林地养鹿，每日以一鹿供王充膳。有孕鹿垂产，鹿王菩萨告王愿以身代。王感菩萨仁慈，悉放群鹿，因名施鹿林，故有鹿野苑之称。

图5-41　三号塔

（四）四号塔

四号塔塔铭为"给孤园中名称塔"。"给孤园"，即"给孤独园"的简称，也称为"祇树给孤独园"或"祇园"，乃佛家园林名，为古中印度侨萨罗国舍卫城长者给孤独所购置，为佛说法地。《金刚般若波罗蜜经》曰："一时佛在舍卫国祇树给孤园。"给孤园初为释迦牟尼去舍卫国说法时与僧徒等停居之处，后来演化成僧寺的泛称。八塔中造此塔，实为辽末统治集团欲借大兴佛寺、浮屠之举，来挽救没落衰亡之势。据传，造此塔的同时，曾于四号塔南坡中间平台上造有佛寺，可惜如今已荡然无存。

图5-42　四号塔

（五）五号塔

五号塔塔铭为"曲女城边宝积塔"。此塔铭佛典中虽未言释迦牟尼生前于此有何活动，但玄奘旅居印度时，曾目睹曲女城人烟稠密、繁盛富饶、佛教寺院林立的盛况。据玄奘所记，可知曲女城为当时北印度大城。曲女城，亦作羯若鞠阇，《法显传》作罽饶夷城，7世纪上半叶为印度戒日王的都城，在今印度北方邦境内之格瑙杰。可惜此城在11世纪初伽色尼王朝马默德入侵时被毁。之所以将曲女城列为释迦牟尼一生中的一个阶段，大概就是因为那里佛教繁盛从而可以代表释迦牟尼所创佛教广为流传吧。

图5-43　五号塔

（六）六号塔

六号塔塔铭为"耆阇崛山般若塔"。"耆阇崛山"，乃梵文音译山名。其中，"耆阇"义译为鹫，"崛"为头。其山以顶形如鹫而得名，又名鹫峰山或灵鹫山，相传为释迦牟尼说法处，在印度阿耨达王舍城东北，省称为耆山或耆阇。"般若"，乃梵语"智慧"一词，佛教中意为脱离妄想，归于清净。筑此塔记佛祖八段之一，是言佛法无所不在。

图5-44　六号塔（中）

（七）七号塔

七号塔塔铭为"庵罗卫林维摩塔"。"庵罗卫林"，即庵罗园。其园在古天竺毗耶离（亦作毗舍离），佛教传说为佛说《维摩诘经》处。《法显传》载曰："毗舍离城北大林重阁精舍……城南三里道西，安婆罗女以园施佛作讲

图5-45　七号塔

经处。""维摩",指维摩诘,乃释迦牟尼同时人,也作毗摩罗诘,意译作"无垢"或"净名"。其人曾向佛弟子舍利弗、弥勒、文殊等讲说大乘教义。其与舍利弗等问答大乘教理之辞记录成典后称为《维摩经》,此经全称为《维摩诘所说经》,亦称《维摩诘经》。筑塔以此为佛之一段,是言传佛法者之广。

（八）八号塔

八号塔塔铭为"娑罗林中圆寂塔"。释迦牟尼于鹿野苑中完成"初转法轮"之后的45年间,在印度北部和中部游行教化,信众很多,人们尊其为佛陀。80岁时,释迦牟尼在拘尸那城附近的娑罗双树下入灭。

图5-46 八号塔

义县八塔山为辽代遗迹,是全国罕见的在八座山头立八大灵塔的实例,代表着辽代盛行的八大灵塔信仰。尽管现存八塔无一辽建,皆为明代或当代补建,但仍具有重要的历史价值,同时也是不可多得的景观。

第五节 崇兴寺双塔

崇兴寺双塔,又名北镇双塔,位于辽宁省北镇市广宁城内东北隅,位冠中国四大双塔之首。另外三大双塔分别是:宁夏银川拜寺口双塔、福建泉州开元寺双塔、四川达州真佛山双塔。崇兴寺双塔创建年代无文献记载,从塔的结构和风格看，应属辽代中晚期的遗物，因塔北有崇兴寺，故此得名。金、元、明、清几代进行过维修。1963年，崇兴寺双塔被列为第一批省级文物保护单位。1988年，被列为全国重点文物保护单位。1980年，塔基、塔座进行了部分修整。1999年，东塔塔刹进行了维修。2008年，双塔又进行了大规模整修。

广宁城内的崇兴寺双塔，风景秀美。"禅塔双标"自古即为"广宁八景"之一。若西登间山绝顶东望，城内双塔在云雾中时隐时现，依稀可见，故又有"双标塔影"之称。双塔栖息着数以千计的塔燕。每当旭日初升之时，塔景更为可观，红霞招紫燕争飞，白塔刺青天欲堕。故"双塔日出"为古城一大奇观。

崇兴寺双塔并立于崇兴寺门外，均为八角13层实心密檐式青砖砌筑。双塔东西相对，相距43米，形制相同，是中国辽代密檐式砖塔的重要实例。双塔的创建年代已无从查考，《盛京通志》记："崇兴寺，城东北隅。相传唐贞观时建，寺虽毁而塔如新。"石碑资料也有为尉迟恭监修一说，但据研究者考证，根据双塔的建筑特点，其应为辽代所建。如双塔斗拱的做法和辽开泰九年（1020）建的义县奉国寺大雄宝殿相似，砖作和辽清宁三年（1057）建的锦州大广济寺塔相同，而细部雕饰又与辽天庆七年（1117）建的河北省房山县云居寺的南塔相近，因此唐代修建之说似不足信。明弘治七年（1494）《增修广宁崇兴寺碑记》中载："郡城东北隅，有招提曰崇兴寺。考志，乃建于我皇明洪武辛未。前有双塔对峙，中构正殿，后建慈云阁及禅堂。"实际上，明洪武二十四年（1391）也是重修崇兴寺而非创建。现西塔塔身中有明万历二十

图5-47　崇兴寺双塔1936年时旧照

图5-48　崇兴寺双塔

八年（1600）《重修崇兴寺塔记》石碑，但字迹已模糊不可辨认。寺前还有几块石碑，有待进一步研究考证。

双塔东塔高44.46米，西塔通高42.63米。两塔形制基本相同，皆由塔基、塔身、塔檐、塔顶几部分组成。

（一）塔基

塔基是塔的下部基础。早期塔基较矮，且多用素平砖石砌成。唐代以后，塔基发展很快，分成基台和基座两部分。基座每面宽7米、高3米，外包一层长条石。基台上塔座两层。上层托硕大的莲花座，座上承托塔身，塔身每面都有拱龛，内雕坐佛，外立胁侍，上饰华盖、飞天和铜镜。栏板刻曲尺万字纹样。每角刻一力士，作负重状。其建筑雄伟，造型优美，砖雕十分

图5-49　双塔塔座（左为东塔，右为西塔）

精细，具有很高的艺术价值和历史价值。下层为仰覆莲须弥座，雕有狮子、负重力士和莲瓣。柱间三个壶门中各有一伏狮。座上即十三级塔身。

（二）塔身

塔身是塔结构的主体，崇兴寺双塔是密檐式。第一层塔身特别高，其塔的重点与精华也集中在第一层塔身之上。崇兴寺双塔第一层塔身通高5.65米，每面宽5.05米。塔身第一层圆形倚柱上有阑额，普拍枋，枋上为斗拱，斗拱每面补间3朵，转角2朵，为双抄五铺作计心造，斗拱上承塔檐。檐上覆筒板瓦，角脊上置兽，每面正中有砖砌拱形佛龛，内雕坐佛。东塔坐佛皆着宝冠，西塔南面一佛着宝冠，其余各面均作螺髻。龛外两侧各雕一胁侍。龛上雕有宝盖、飞天，并镶有铜镜。

崇兴寺东西双塔的差异主要体现在各段高度不同，以及第一层塔身的装饰不同。双塔塔身各段高度、收分的差异并非当时刻意追求不同，而是双塔并非同期所建。东塔的八方主尊和胁侍，身材纤弱，辽风较淡，与西塔造像风格差异较大，应该是后世维修的结果。

双塔的基座部分差不多高，西塔的第一层塔身高度要明显大于东塔的第一层塔身；同为出檐13层，西塔的檐部更密集，双塔的第一层大檐直径相当，但西塔的第13层檐直径要小于东塔，这些都决定了西塔的收分要大于东塔。西塔主尊须弥座完全位于券龛中。相比东塔，西塔宝盖、飞天的布局较为宽松。而二塔的斗拱却完全是同一形制。

可以发现：由于第一层塔身高度的原因，东塔券龛的高度较西塔要矮，东塔主尊着菩萨装，头戴宝冠，面容清秀，具有女性般柔美的身段，并且上

图5-50 西塔券龛与东塔券龛

身较长。东塔主尊须弥座并未坐在券龛中，而是直接起于券龛底部的塔身莲座上，有效地解决了东塔券龛较矮的问题。西塔只有正南主尊大日如来一佛着菩萨装、宝冠，其余各面七主尊均着佛装、头饰螺髻。对比双塔第一层塔身的佛像，风格差异较大，通常认为崇兴寺东塔所供奉为八大菩萨。但由于辽宁现存诸塔的主尊与胁侍雕刻安装方法有所不同，主尊通常为雕刻后直接安放于券龛之中，而胁侍在雕刻后要镶嵌于塔身墙面，因而主尊多有丢失，如辽阳白塔和海城析木金塔。所以，若要欣赏原装的砖雕，更应该多关注胁侍。

双塔的第一层塔身正立面每面面阔宽度几乎一致，但西塔的券龛略窄。造成这一差异的原因估计是，西塔的倚柱两侧类似抱柱的立框宽度比东塔宽，使得西塔塔身倚柱之间的有效宽度较东塔小。北镇崇兴寺双塔由于所选取塔砖的规格相对佛教造像尺寸的比例较大，所以砖缝在雕像上很是显眼，使得其艺术效果不如辽阳白塔等大型砖塔，但仍是辽代雕刻艺术的精品。对比双塔塔身表面所雕胁侍，其风格存在较大的区别。

（三）塔檐

崇兴寺双塔塔檐13层，由下至上逐层内收，每层檐角俱挂有风铃。风铃随风摇动，声音清脆悦耳。塔顶的莲座、宝瓶、鎏金、刹杆、宝珠、相轮均保持完好。塔身每面都有拱龛，内雕坐佛，外立胁侍，上饰华盖、飞天和铜镜。底层檐下有仿木砖雕斗拱，为双抄五铺作。往上为13层塔檐，各层均用砖砌叠涩出檐，逐渐内收。在八角攒尖式的塔顶上，建有莲座、宝

图5-51 崇兴寺双塔塔檐

瓶、刹杆，顶端装宝珠，是为风磨铜所制，色泽如金而价贵于金。传说，"风磨铜可减弱高空风力，故皇家高大建筑上的顶端饰件和塔顶的宝珠多用之。"西塔中部还镶有明万历二十八年（1600）《重修崇兴寺塔记》石碑。

（四）塔顶

塔顶又称塔刹。崇兴寺双塔第十三层塔檐做八角攒尖收顶。塔刹一般分为砖制塔刹和金属塔刹两种。崇兴寺双塔采用金属塔刹，分为刹座、刹身、刹顶三部分。通常，金属塔刹都会在下部做一砖制莲座，上座两层受花，崇兴寺双塔塔刹的座便有两层仰莲形受花。上有一个宝瓶，宝瓶上置有铁覆钵，上竖鎏金刹杆，刹杆上面有四枚圆形相轮。佛教经典《术语》上说："相轮，塔上之九轮也。相者，表相。表相高出，谓之相。"其主要是作为塔的一种仰望标志，以起敬佛礼佛的作用。通常来说，相轮的大小和多少可以表示塔的等级。相轮的数目一般采用一、三、五、七、九、十一、十三等单数，但不知为何崇兴寺双塔只有四个相轮。刹身之上便是全塔的顶尖——刹顶。崇兴寺双塔的刹顶为一铜制葫芦形宝珠。

第六节　农安古塔

农安古塔，也称佛塔、辽塔、金塔，位于吉林省长春市农安县农安镇城西门，是全国重点文物保护单位。

图5-52　农安古塔

一、历史溯源

农安镇历史悠久，原镇古城建于扶馀国时期，是扶馀国后期（公元346年）的王城，后为闻名遐迩的黄龙府所在地。古城至今已有2000多年的历史。农安历史上最繁荣的时期是辽金时代，其为当时辽国首都。当年的辽国曾在此摆下龙门阵，吸引杨家将进攻，故历史遗迹较多。农安古塔是最具代表性的古建筑。

图5-53　农安古塔老照片（一）

图5-54　农安古塔老照片（二）

两汉时期，农安曾为扶馀国都城，辽灭渤海后，改名为黄龙府。1125年，金灭辽后，对宋发动战争。南宋名将岳飞率兵北进抗金时，在誓师会上说："直抵黄龙府，与诸君痛饮耳！"黄龙府的名字来源于神话故事。传说，辽天显元年（926）七月，辽王耶律阿保机征战渤海国回来，病死在扶馀行宫。这天，乌云密布，在一阵暴风骤雨中，一条金光耀眼的黄龙降落在行宫里。此后，人们传说，辽太祖是黄龙的化身；从此，辽将扶馀府改为黄龙府。

二、建筑年代

从时间顺序来看，关于农安塔的最初记载是在明末清初之际。察哈尔林丹汗侵入已经归附后金的蒙古科尔沁部，后金将领莽古尔泰率部驰援，那时，农安城已经崩颓在荒草林莽中，只有农安塔见证了莽古尔泰的到来。此事发生在后金天命十年（1625）十一月。但农安建县是在清光绪十四年（1888），虽然早在清道光年间就设置了农安乡，但清初时是否有"农安"之名颇为可疑，不能排除是《清史稿》的编写者"以后律前"的写法。但查《清太祖实录》关于清太祖天命十年的相关记载，发现有这样的纪事：天命十年十一月庚戌，科尔沁台吉奥巴遣使五人至，告急。言察哈尔林丹汗举兵来侵，兵已逼，因请援。上闻之，召集各路军士。乙卯，上亲率诸贝勒大臣，统大军往援。至开原城北镇北关，视军。因先经射猎，马羸甚，乃别选精骑五千，命三贝勒、四贝勒及台吉阿巴泰、济尔哈朗、阿济格、硕托、萨哈廉等统之而往。上率大军还，诸贝勒、台吉兵至农安塔地。察哈尔林丹汗围科尔沁奥巴城已数日，攻之不克。闻我国援兵至农安塔，林丹汗仓皇夜遁，遗驼马无算，科尔沁围解[①]。

《清太祖实录》初名为《太祖武皇帝实录》，成书于清崇德元年（1636）。清顺治初年，多尔衮摄政时修改过；福临亲政后，又重修，清顺治十二年（1655）成书。清康熙二十一年（1682），玄烨又下令重修，二十五年（1686）成书，书名改为《清太祖高皇帝实录》，共十卷。清雍正十二年（1734），胤禛下令校订，清乾隆四年（1739）十二月成书，书名、卷数同于清康熙重修本。中华书局出版的《清实录》中的《清太祖实录》就是这个

---

① 姜维东：《农安辽寺、辽塔考》，载《东北史地》，2011（6），27～32页。

"雍乾本"，而查对罗振玉刊行的《太祖高皇帝实录稿本三种》（即康熙年间重修的稿本），也发现了上文中出现的两处"农安塔"。稍有差异的是前一个"农安塔地"在罗振玉刊行的《太祖实录》中写成"农安塔地方"。这足以证明清初今农安县已经叫作"农安"，可能"龙安""农安"并行不悖，并不是通俗认识中的先有"龙湾""龙安"的土名，经音讹后叫作"农安"。现在看来，这些异名应该都是由金朝的隆安府音转而来，至清道光时设置农安乡，清光绪时设置农安县，遂以"农安"为定名[①]。

农安古塔因近千年的风雨侵蚀，损坏严重。1949年前，此塔已濒临坍塌，原有的13层塔身只剩9层，同时塔貌疏陋，风雨剥蚀严重，角搪上的铁马、风铃等饰物已经荡然无存。中华人民共和国成立后，1953年，吉林省人民政府拨款进行维修，修至第十层，后因故停工。遂临时铸起攒尖式塔顶，使古塔得到了应有的保护，开始有了生机。1983年，国家重新拨款，对古塔的未完部分继续修葺，使这座古塔以独特的风姿展现在游人的面前。

图5-55 农安古塔老照片（三）

---

① 姜维东：《农安辽寺、辽塔考》，载《东北史地》，2011（6），27~32页。

　　修缮过程中，曾在塔身第十层中部发现一小砖室，内藏铜铸的佛像和菩萨像，木制骨灰盒、瓷香盒，细线阴刻佛像银牌饰等珍贵文物。此塔对研究辽代宗教和建筑艺术等具有重要价值。此塔是中国东北地区最早修建的辽代古塔，1961年被列为吉林省文物保护单位，2013年被列为第七批全国重点文物保护单位。

三、结构参数

图5-56　农安古塔塔檐

　　农安古塔建于辽圣宗太平三年（1023）。虽然内部为空心，却无梯级可登。为八角13层密檐式空心砖塔，外形为方坛台基，高44米，以形状各异的精制灰砖瓦建造。塔中发现过铜佛、木制骨灰盒，线刻佛像的银牌等。建筑风格及构造形式酷似北京广安门外的天宁寺塔。

图5-57　农安古塔
塔檐、风铃

第七节 铁岭圆通寺白塔

铁岭白塔，原名圆通寺塔，铁岭白塔为其俗称。此塔位于铁岭市区内银州贸易城东南侧、古铁岭城西北隅，是辽北现存最早的古塔。

"白塔横云"为"铁岭八景"之一。1975年2月4日，海城地震波及铁岭，将白塔上面的串葫塔尖震落，因刹杆有铁链相系，故刹尖斜插入第三级塔身南侧檐上。1987年，铁岭市对该塔进行了修复，但没有修旧如旧，甚是遗憾。铁岭白塔于2008年12月31日被列为辽宁省第八批文物保护单位。

一、建筑年代

关于铁岭白塔的始建年代，尚有争论。现塔建于辽代。关于塔的修造年代主要有三种说法，分别是唐大和二年说、金大定年说、辽代说。

其一，唐大和二年说。铁岭白塔始建于唐代说的依据是清光绪年间从圆通寺塔顶坠下的明万历十九年（1591）《重修圆通寺塔记》铜碑，碑文记载："夫银州圆通寺塔，建自大和二年（828），逮至大定、宣德、正德修者未备，惟兹一品夫人李门宿氏往降于香，见此塔不堪，乃咨嗟不已，遂率同缘信女发心修治，先出资财银两，匠役数十名，于万历十九年二月兴工，命匠砖坠者补之，木腐者易之，原无者增。新铸铁葫银佛一、佛、铜佛九尊，塔顶东南新庙一座，铜炉一尊，铜碑二面，新镜三百四十圆，

图5-58 铁岭白塔

图5-59　铁岭白塔清末旧照（日俄战争时期）

新铃一百四个，各色铁钉二十斤，新兽八十头，石灰六百石，至本年五月内功完，此塔一整焕然聿新，所以崇庙貌而增辉，囂（银）州者必不止于今日也。谨将助缘信女同勒于碑，以为万古记。岁大明万历十九年岁辛卯二月庠生高冈顿首书。"（《奉天通志》卷二百五十八，金石六，石刻五第5713页）。1931年修纂的《铁岭县志·古迹》载："城内白塔，在城内西北隅圆通寺后，十三级，相传唐大和二年建。"此种说法应出自李成梁夫人修塔时的《重修圆通寺塔记》铜碑。

　　但据考证，银州历史并非始于唐。另参照多种史料，铁岭白塔也不具有唐代塔的特征。该塔建筑所用之砖考古称为沟纹砖，为辽代特征砖，辽以前没有这种砖。对此有文物部门鉴定。唐代不可能用辽砖来修塔，故石碑所刻年代，不足凭信。据日文版《满洲写真帖》记载，此塔为辽塔，也有文章言及此塔为金大定年间所建，但无论如何，现塔不会早于辽代。

　　其二，金大定年说。较早研究中国塔的日本学者村田治郎在1940年出版的书中认为："铁岭的圆通寺塔似乎建于金大定年间。"村田治郎只是猜测，并没有说出其中的根据。关野贞、竹岛卓一认为圆通寺塔应属辽金时代，并将此收录到《辽金时代的建筑及其佛像》一书中，但关野贞、竹岛卓一并没有明确认定此塔到底建于何时。还有资料载铁岭白塔建于"金大定十三年（1173）"（辽宁省博物馆，《辽宁史迹资料》，1962年），但也没有说明其依据。

　　其三，辽代说。当今学者大多将此塔建造年代定为辽代，理由是：该塔在辽代银州境内，体量硕大，而辽代各州城都有建塔之习惯。又因为此塔为辽塔，因此，此塔所处位置便应是辽代银州州城之所在。如此互相证明，互为因果。还有人认为："圆通寺塔建筑用砖为沟纹砖，此种砖出自辽代，故此塔应为辽代所建。"[1]

二、结构参数

　　1987年，铁岭市城建部门对圆通寺塔进行了维修。由于当时没有完全按照文物修复"修旧如旧"的原则进行，修复后的白塔已丧失了原貌。从关野贞、竹岛卓一《辽金时代的建筑及其佛像》书中摄于20世纪30年代的照片可以看到该塔历史原貌。

　　此塔为八角13层实心密檐式，塔身为青砖垒造，砖长二尺四寸，厚六寸。塔略呈锥形。塔台宽大，正面砖雕坐佛，坐佛上施宝盖，宝盖两侧各饰一小飞天。一层大檐铺作在20世纪30年代时已完全损毁，1987年维修时恢复为辽代风格的单抄四铺作并无依据。

图5-60　现代拍摄的白塔照片

（一）塔身

　　塔身13层檐，每级都用八层砖叠涩出檐，每层檐之间没有辽塔通常的束腰，其砌筑方法是下一层檐反叠收檐后，马上再叠涩出檐；因此，此塔虽然

① 靳恩全：《铁岭五千年博览》，180页，沈阳，辽海出版社，2003。

图 5-61　铁岭白塔的塔身佛雕

图 5-62　塔身仰视图

为13层，但整体高度并不是很高。第一级塔身南部是神佛像，塔檐下部有砖雕斗拱，塔基和塔身有砖雕装饰。每层塔檐都悬挂铜镜和风铃，塔身涂白，故称白塔。古时此塔为城中最高建筑，《志书》记为"二十里外能望而见之"。每当雨后，塔高云低，云飘塔间，故有"白塔横云"之美称。古人曾用"山雨过城头，雨晴云未散；忽见白塔尖，钻入青天半"的诗句赞美白塔的秀丽景色。

塔身装饰是辽金塔最具特色的一个方面。辽代塔身以独特的精美砖雕著称于世，八角形塔的装饰题材因地域不同而区别明显。传统辽塔每面以一佛二菩萨二飞天装饰风格为主，燕云地区以券门、假门、破子棂窗装饰风格为主。传统辽塔佛教信仰直承唐风，以密宗为主，同时掺杂华严思想，追求深奥的佛理和繁复仪轨；其佛像、菩萨、飞天体量与塔身比例协调、线条流畅、雕刻精美，手印和持物完全按照密宗仪轨雕刻，充分体现了密宗思想的内涵。而金代佛教信仰则以燕云地区和宋代的禅宗信仰为主，追求的是不受知识约束，直指人心，见性成佛。因此，金塔塔身雕刻装饰题材大多不按照相关佛经的仪轨装饰：燕云地区多装饰券门、假门、破子棂窗；而北方地区受辽代装饰佛像的影响，尽管仍继续以佛像为装饰内容，但佛像装饰内容已不像辽代那样严谨，手印和持物混乱，雕工粗糙，比例失衡。铁岭圆通寺塔便是如此，其正面为佛造型，四隅为四菩萨造型，手印杂乱，没有胁侍，二飞天极为瘦小，整体比例失调，造型呆板，雕工粗劣，不符合任何佛经的仪轨。

图5-63　铁岭白塔的砖雕

（二）塔顶

塔顶刹杆有铜盘和宝珠；塔顶八面嵌有"风调雨顺，国泰民安"八个大
字；八面各有浮雕佛像一尊，并饰宝盖。

图 5-64　铁岭白塔塔顶

第六章

东北地区其他著名古建筑

第一节　吉林文庙

　　吉林文庙位于吉林省吉林市，是清乾隆皇帝御批，始建于乾隆元年（1736），同时是东北地区建筑年代较早、建筑等级较高、保存较完整的清代建筑群。

　　吉林文庙与南京夫子庙、曲阜孔庙、北京孔庙并称"中国四大文庙"，是国家级重点文物保护单位。作为清朝在东北建立的第一座孔庙，吉林文庙既是清朝对汉文化传入东北的认可，更是汉文化与东北少数民族文化互通的历史见证。吉林文庙建筑群规模之大、等级之高，在封建社会所建的地方文庙中是独有的。它是东北地区最大的孔庙，而且其中每一处建筑设施都具有深刻的文化内涵。

一、文庙历史

　　吉林建城之初尚无孔庙。据《吉林通志卷一·圣训志一》记载，清雍正二年（1724）七月，办理船厂事务的给事中赵殿最上奏皇帝，请求在吉林建文庙，遭到了雍正皇帝的严厉训斥："我满洲人等，因居汉地，不得已与本习（武备）日以相远，惟赖乌拉（当时的吉林）宁古塔等处兵丁，不改易满洲本习耳……"随着满汉文化的不断交融，至清乾隆元年（1736），乾隆皇帝钦命修建永吉州文庙（吉林文庙的前身），并再三叮嘱："务令崇尚朴诚勤修武备之至意，实当永远钦尊。"据《吉林外纪》载："乾隆七年（1742年），永吉州知州魏士敏建庙宇黉宫，诸制略备。"永吉州文庙建成后，兴办学校之风日盛，为满汉子弟读书求仕铺设了通道，儒家文化得到了迅速传播，推动了东北地区政治、经济、文化的发展。

　　永吉州文庙建成之初，在正殿悬有康熙皇帝御书"万世师表"匾额，此匾额应系清康熙十九年（1680）以后由康熙皇帝书成，存于宫内的。此外，在清嘉庆年间，又由嘉庆皇帝赐御书"圣集大成"匾额一块，悬正殿。

清道光十八年（1838），由吉林士绅捐款维修。清咸丰九年（1859），由举人庆福、贡生侯镇藩倡捐重修泮池，改为石桥。清同治十年（1871），另建明伦堂三间、砖仪门一座，并修大门。清光绪九年（1883），由署府教授解延庆改修两庑为各五间。清光绪十九年（1893），由巡道讷钦重修，添建祭器乐器二库，加大泮池，加高照壁，并于庙内建名宦祠、乡贤祠、节孝祠各三间，在大成殿后建崇圣殿三间。清光绪三十二年（1906），升祭孔为国家大祀。清光绪三十三年（1907），吉林改设行省，巡抚朱家宝和提学使吴鲁认为文庙简陋，不足崇礼，特聘江苏训导管尚莹去关内考察各地孔庙，并决定在东莱门外（即今址）拓建新庙，即后来的吉林文庙。清宣统元年（1909年），新庙落成，其大成门、大成殿、崇圣殿及围墙均以黄琉璃瓦覆顶。

1920年，经吉林省督军兼省长鲍贵卿主持，历时3年进行了重修。至此，吉林文庙建筑布局完善。文庙四周红墙高达3米，南北长221米，东西宽74米，占地面积16354平方米。主体建筑按照正南北中轴线排列。院内共有殿堂、配庑64间。建筑面积约1800平方米。

1987年，被列为吉林省重点文物保护单位。2006年，被列为国家重点文物保护单位。

二、文庙建筑

文庙主体建筑坐北朝南，构成三进院落。院外最南面的墙垣称照壁。此墙比其余三面的墙高大、坚厚，长30米，高5米。据说，当地不出状元则不能将照壁辟为大门。因吉林文庙新庙落成后已废除科举，所以清代至民国年间一直没有开辟正门，人们进出文庙只能走东西辕门。照壁前面东西建有砖楼各一，有"文武官员到此下马"石碑二，以示路人对孔子的尊崇。东西辕门呈牌楼式建筑，为木柱、锡顶、瓦盖，对开红漆大门，其上分悬吉林提学使曹广桢书写的"德配天地""首冠古今"匾额。泮池，用青砖砌成，形如弯月，故又称月牙池。状元桥，是花岗岩石构筑的单孔雕栏拱桥，横跨泮池之上。据说，只有状元才有资格从此桥上通过。

棂星门，在状元桥的北面，是一座由四根花岗岩石柱组成的牌坊，每柱顶端均有"神兽"，牌坊的横梁正中有"棂星门"三字。所谓"棂星"，即古代传说的"文曲星"。让"文曲星""神兽"为孔子守大门，是将孔子神化的象征。楼星门之后有石碑两通。

大成门，是棂星门北面进入主院的过厅，为五开间、歇山式庑殿顶、黄琉璃瓦屋面建筑，高浮雕式龙凤脊，明柱，左右有山，前后无墙。已是文庙的主体建筑之一。

大成殿，在二进院落的正中，是全庙的中心建筑。面阔11间，东西长36米，南北宽25米，高19.64米。双重飞檐、歇山式庑殿顶，错落有致，雕梁画栋，金碧辉煌，整个建筑可与宫殿媲美。殿内正中原供奉"大成至圣先师孔子之神位"朱地金字木质牌位，现为孔子塑像；两侧分别供奉"四配""十二哲"的木质牌位。

崇圣殿，是孔子的家庙。供奉孔子五代祖牌、历代衍圣公及其夫人绢质绣像。

大成殿东西两侧配庑为"先贤先儒祠"，分别供奉七十九先贤和六十八先儒的木质牌位。

吉林文庙殿宇辉煌，气势轩昂。它建成于古典建筑的成熟时期，在某种程度上保存了我国古典建筑艺术之精华，反映出当时建筑工匠的高超技艺和建筑水平，是保存完好的不可多得的古建筑群。

图6-1　吉林文庙

第二节 兴城文庙

兴城文庙原名宁远文庙，位于辽宁省葫芦岛市兴城县宁远古城内东南隅，始建于明宣德五年（1430），占地面积1.68万平方米，是东北三省最古老、辽宁省境内最大的一座文庙。民国初，地名登记时，宁远因与湖南、宁夏的两个县同名，改称兴城县，宁远文庙遂更名为兴城文庙。

兴城文庙建筑群结构严谨、布局合理。照壁、棂星门、泮桥、戟门、大成殿、崇圣寺等主要建筑被安排在中轴线上。院内古柏参天，曲径通幽，体现了浓厚的历史文化。

东西两角各有一块下马碑，上刻"文武官员军民人等至此下马"，彰显出这位功盖天地的"至圣先师"的威严。

兴城文庙为三进院建筑，东西墙垣南端各有角门一座：东曰毓粹门，西称观德门。院内入门为第一进院。院南为照壁，与南墙垣连立；院北有棂星

图6-2 兴城文庙

门，与两侧的圆月门相接。圆月门旁筑碑亭一座，亭内共立碑碣6幢。过圆月门，便是第二进院。院中泮桥（状元桥）纵跨，桥头有戟门立于高台之上。庭院两侧配以更衣亭、祭品亭、名贤祠和名宦祠，分外雅致。入三进院，飞檐斗拱、雕梁画栋的大成殿便映入眼帘。殿中供奉着孔子神位，两侧有"四配""十二哲"。门额高悬康熙年间刻制的"万世师表"巨匾一块。大成殿两侧配有东庑和西庑，里面供奉先贤79位、先儒63位。在大成殿后院中有崇圣祠，祠内供奉孔子的五世祖。此建筑群体例完整、布局合理、结构严谨，工艺精雕十分考究。

第三节　李成梁石坊

李成梁石牌坊位于辽宁省锦州北镇市北镇城内钟楼前，是明万历八年（1580）明神宗朱翊钧为表彰辽东大将李成梁的功绩命辽东巡抚周咏等人修建的。

石坊高9米，宽13米，四柱五楼，全部用淡紫色石料制成。该石坊具有较高的历史价值和欣赏价值。

图6-3　李成梁石坊

翘梁、通枋及栏板斗拱等制作精美，间饰人物、四季花卉、鲤鱼跳龙门、一品当朝、二龙戏珠、三羊开泰、四龙、五鹿、海马朝云、犀牛望月、喜禄长寿封侯等浮雕，刻工细致精巧。坊额上竖刻"世爵"二字，横刻"天朝诰券""镇守辽东总兵官兼太子少保宁远伯李成梁"等字。中柱柱脚前后各有夹柱石狮两对，外侧各有石兽一只。整座石坊精秀俊美，是辽宁省几座著名石坊之佼佼者，有较高的历史、艺术价值。

第四节　海城山西会馆

海城山西会馆位于海城市内，是省级重点文物保护单位。据《海城县志》记载，山西会馆始建于清康熙二十一年（1682），后来经在海城的山西商人捐资修缮，作为山西会馆。民国三年（1914）重修后，又改为关帝庙。1987年，划归海城市文物保管所使用并开始维修。1989年，被列为辽宁省省级文物保护单位。现为海城博物馆。

山西会馆建筑群由山门、钟鼓楼、前殿、后殿、东西配房及戏楼组成，集悬山式、歇山式、硬山式建筑风格于一体。整个建筑群占地面积约3000平

图6-4　海城山西会馆

方米。古朴的山门前有立体石雕大狮子两尊，三间的建筑结构为歇山式。悬顶的屋檐下绘制有六幅古代传说故事，从东起分别为宁戚饭牛、巢父洗耳、仙人引鹤、王贾烂柯、采薇绘图、伯牙抚琴。两边的角门上分别建有钟、鼓二楼，使整个山门看起来更加肃穆壮观。前殿是山西会馆的点睛之笔。它建在石基的高台上，采用悬山式建筑，砖木结构。正门额上有"关帝殿"三个大字，两侧各有"千秋正气""万古英灵"的匾额。四根朱色圆柱上书两副对联：外联为"亘古一人，大义参天"；内联为"赤兔青龙，忠义千秋"。房顶正脊上建有一座小庙，脊中间插有"穿天戟"三根，脊两端是龙形大吻。斜脊上蹲着砖雕跑兽：最前面叫"走投无路"，后面叫"坐地分赃"，中间叫"东张西望""左顾右盼"。从这里不难看出，旅居异乡的山西商人不但以自己的经济实力，更以自己的匠心独运，使山西会馆在海城这方土地展示着晋商独有的魅力与风采。"先盖庙，后唱戏，钱庄当铺开满地；请镖局，插黄旗，大个元宝拉回去。"这是在当地流传甚广的一首民谣。这首民谣不仅生动地反映了山西商人在东北的生活，而且形象地展示了商业与戏曲的依存关系。当年的海城，由于晋商的喜好与支持，有过固定的山西梆子戏班。会馆不仅是山西商人聚会议事、处理事务的中心，而且成为当时东北传播关内戏剧文化的重要场所。相传，著名的海城高跷、喇叭戏等就是吸收了山西梆子等外来艺术才形成今天的艺术风格的。坐落于山西会馆路南的戏楼（乐楼）为单檐歇山式砖木结构，琉璃瓦盖顶，与关帝庙正殿相对应，中间庭院可容纳千余观众看戏。从清乾隆年间起，每逢庙会，山西梆子、河北梆子、秦腔、昆曲等都在乐楼演出。1946年后，戏楼因年久失修，逐渐损毁。

第五节　大孤山古建筑群

　　大孤山位于辽宁丹东东港市境内，东临大洋河，南濒黄海，海山相映，峭拔突兀，孤峙海滨，故得名大孤山。自古以来，凡有奇山，则必兴名寺。古建筑群坐落在大孤山南麓山腰绿荫丛中，126间殿宇楼阁依山势高低筑成阶层式院落，鳞次栉比，建筑面积3000多平方米，占地面积5000多平方米。为东北现存完整的清代古建筑群之一。

大孤山古建筑群始建于唐代。《圣水宫记》碑载："迄至明末，殿宇荒废，仅存基垣。"后经清朝乾隆、嘉庆、道光三朝相继重修和增建，规模逐渐扩大，不仅增建楼台殿宇，而且汇集了精湛的建筑技艺：雕梁绘柱，垂脊飞甍，斗拱雀替，砖雕石刻，无不集清代建筑之精华。而且古建筑群汇儒、道、佛三教于一处，实为罕见。建筑群分为上庙和下庙两部分。上庙由圣水宫、三霄娘娘殿、罗汉殿、佛爷殿、龙王殿、药王殿、观海亭和石佛塔等组成，下庙由天后宫、地藏寺、释迦殿、文昌宫、财神殿、关帝殿和古戏楼等组成。一条中轴线贯穿圣水宫、天后宫和古戏楼，使上下庙既互为映衬，又连为一体，形成局部的独立与整体的统一，别具一格。

（一）古戏楼

古戏楼建于清道光六年（1826），是目前东北地区保存最完好的古戏楼。它不仅是大孤山古建筑群的标志性建筑，也是孤山镇繁荣的见证。大孤山有句老话："先有孤山，后有奉天。"可见孤山镇岁月的久远。孤山镇确是一座古镇，远在虞舜、殷商时，即属营州；战国、秦、西汉时，属辽东郡；唐时，属安东都护府；元、明时，属益州；到了清朝，又先后属岫岩厅和庄河县。自清中叶至中华民国年间，孤山成为中国北方水陆重镇之一，商船近达牛庄、天津卫、烟台，远达上海，商贾如云。经济的发展，带来了文化的繁荣，因此，古戏楼就在大孤山下应运而生了。每逢过年、正月十五、端午节、中秋节，或者哪个商家做成了一笔大生意，古戏楼上都是好戏连台。每年四月十八的娘娘庙会，更要唱上三天大戏。便是相邻几个县的人，也都不远百里来赶庙会。

古戏楼是中国古典建筑的杰作，不论是台角巨石上的松、竹、梅、兰石刻，还是彩绘的斗拱、雀替，都体现着浓郁的文化品格。一方"神听和平"的巨匾透出一派安详之气。古戏楼最具匠心的是它的屋顶。在中国古典建筑中，屋顶有悬山式、歇山式和硬山式三种，不同的屋顶样式和不同的廊柱墙体相互映衬，体现出不同的建筑风采。一般说来，一座建筑只有一种样式的屋顶，而古戏楼却是歇山式和硬山式两种屋顶的完美结合。从侧面看，形似二山，南硬山北歇山，硬山低歇山高，硬山的北坡与歇山的南坡巧妙相连，巧夺天工。从正面看，却是三山，中间峰高，两边峰低，一如古时候象形文字的山字。一座屋顶集歇山式与硬山式于一体，这样的建筑形式极为罕见，从而成为一大奇观，位居大孤山古建筑群三大奇观之首。

（二）观音阁

观音阁在距古建筑群300米左右的东山西坡上。观音，即观世音菩萨，因避唐太宗李世民的名讳，故删去"世"字称观音，是佛教的四大菩萨之一。据说，有33种化身，能救12种大难，被尊为"大慈大悲救苦救难观世音菩萨"。西汉末年佛教传入中国时为男身，称为观音大士，自南北朝时始，常做女相。观音阁的观音也是女相。观音阁的奇，奇在朝向上。在中国，一般来说，不管是道观还是佛寺，都是坐北面南的，而观音阁却是坐南面北。相传，很早很早以前，大孤山民风不纯、瘟疫肆行。一天，一团金光从海上飞来，在东山的西坡停下，是观音菩萨面北背南圣像。从此，人心向善，瘟疫消遁，孤山的码头也更加兴旺。因观音阁坐南朝北，孤山人称其为"倒坐庙"。观音阁倒坐奇，观音阁的古联更有意味：上联是"问大士为何倒坐"，下联是"叹世人不肯回头"。上下联以世人和观音的口吻一问一答，充满意趣和智慧，是一副难得的佳联。

（三）天王殿

天王殿始建于清嘉庆二十年（1815）。四大天王，俗称四大金刚，是佛教世界武装力量的四个统帅。相传，须弥山腰有个犍陀罗山，山有四峰，每一峰都有一位天王驻守：东峰为持国天王多罗吒，西峰为广目天王毗琉博叉，南峰为增长天王毗琉璃，北峰为多闻天王毗沙门。他们在庙中的塑像姿态不一：东峰持国天王多罗吒右手叉腰，左手持剑；西峰广目天王毗琉博叉头戴凤盔，手持斧钺；南峰增长天王毗琉璃左手持矛，右手下挥，怒发冲冠；北峰多闻天王毗沙门手擎佛塔，祥云缭绕。他们的脚下都踏踩夜叉。大孤山天王殿的四大天王塑像，同中国境内其他寺庙的塑像一样，是经过后人改造的魔家四将。他们分别是：南峰增长天王魔礼青，塑身青色，持宝剑；西峰广目天王魔礼红，塑身红色，持蛇；北峰多闻天王魔礼海，塑身绿色，持伞；东峰持国天王魔礼寿，塑身白色，持琵琶。四大天王各按职责管风、管调、管雨、管顺，合起来就是管风调雨顺，保佑天下太平。四大天王由古印度四将演变为中国魔家四将，既记录了佛教的渊源，也烙上了佛教中国化的印迹，具有十分鲜明的中国特色。

大殿中间端坐的是弥勒佛。弥勒，梵文音译，意译为慈氏，是姓。他生于南天竺婆罗门家，是如来佛的弟子，所以也被称为弥勒如来。在中国佛教寺庙中，人们都将弥勒佛塑成布袋和尚形象。布袋和尚是五代时的僧人，名契此，号长汀子。他身矮腹大，随处寝卧，常用藤杖背着一个布袋，把人们丢弃的食物装进布袋。他躺在雪里，雪不湿衣。穿湿布鞋，天就要下雨；穿木屐，天就要大旱。相传，布袋和尚是弥勒佛的化身，于是，人们就按照他的身形塑成弥勒佛的像。弥勒佛是个无忧无虑的乐佛，深受人们的喜爱。"大肚能容容天下难容之事，开口便笑笑世上可笑之人"，这副对联勾画出弥勒佛的真实模样。

立于弥勒佛背后、面对释迦牟尼像的是相貌英俊的韦驮。他戴盔穿甲，手持金刚杵，是四大天王中南峰增长天王部下的八将之一，居四大天王三十二将之首。在寺庙中，只有他是面北而立的。他主领鬼神，为护法神。

大孤山古建筑群有两大特色：一是砖雕，二是壁画。可以说无殿不雕，无殿不画。天王殿里壁画的内容也是非常丰富的，保存也很完整。后墙东侧是五岳朝真图，后墙两侧是释、儒、道三教归一图。两侧山墙上分别是四大天王手持法器降妖的画面。前墙内壁的东侧是禅宗六祖图，六祖分别是初祖达摩、二祖慧可、三祖僧璨、四祖道信、五祖弘忍、六祖慧能。初祖达摩是南天竺香至王的儿子，刹帝利种姓，名普提多罗，527年来中国创立禅宗。前墙内壁西侧画的是被唐德宗敕立的禅宗第七祖神会的画像和创立了南五宗的义玄、良价、灵祐、文偃、文益的画像。南五宗是临济宗、曹洞宗、沩仰宗、云门宗、法眼宗五宗派，精英辈出，影响深远。后墙外壁的两幅壁画朴素淡雅：东为白居易拜见鸟巢大师，西为何大曳拜见弘恩大师。

（四）地藏寺

地藏寺始建于1345年，重修于清嘉庆二十五年（1820），内塑有地藏王金身。地藏王本名为傅罗卜，母亲去世后，削发为僧，法名目连。目连在七月十五举行盂兰盆会，以百种供品供奉佛、法、僧来超度他的母亲。因此，有了年年的法会。盂兰盆，梵文的意思是解倒悬救危难。《盂兰盆经》说：佛门弟子要孝敬父母，不忘父母养育之恩，都要做盂兰盆会，超度父母乃至七世父母。由此看来，地藏王真是个大孝子，不但自己孝顺，还传下了盂兰盆会，让天下人都不忘父母养育之恩。

地藏寺里的壁画是《八十八菩萨图》，图中菩萨形象和风采各异；它是古建筑群中的壁画精品。

在孤山镇和辽东地面，常用"屋脊六兽"形容有种种劣迹的人。什么是"屋脊六兽"呢？最前面的一个叫走投无路，第二个叫跟腱帮咬，第三个叫犀牛望月，第四个叫海马朝云，第五个叫添油拨灯，第六个叫赶尽杀绝。据说，它们因为不务正业、好吃懒做、浑水摸鱼、拨弄是非，世间无处收留，只好在屋脊上栖身。"屋脊六兽"，不只地藏殿有，关帝殿、天后宫的屋脊上都有相同的砖雕。也许是先人借"屋脊六兽"以警示后人吧。

地藏殿的两侧配殿就是十王殿，又称阎王殿。阎王，是古印度神话中主管地狱的神，后随佛教传入中国。到了唐代，开始有地狱十王之说。在佛、儒、道殿堂中，东为大，奇数为大，所以东殿是一王、三王、五王、七王、九王，西殿是二王、四王、六王、八王、十王。

十王殿里的泥塑就是阎王惩治各种恶人的具体展现，非常恐怖。虽然这种惩治有些过于残酷，但只是一种传说的复制，也算是一种抑恶扬善的警示。古话说：善有善报，恶有恶报，不是不报，时辰未到。人，离恶远了，离佛也就近了。

离佛更近的，是大孤山"四君子"。在中国传统文化中，松、竹、梅、兰一向被喻为"四君子"。古往今来，松的伟岸、竹的风骨、梅的高洁、兰的淡雅，引得无数文人墨客仰慕。诗里有"四君子"，词里有"四君子"，画里还有"四君子"。"四君子"以各自独有的风采，塑造着中国的文化精神。大孤山也有"四君子"，这"四君子"不是松、竹、梅、兰，而是松、竹、梅、牡丹。

松是萌芽松，是1941年从日本引进的。这种松在树干上直接生芽，耐干旱、耐严寒、耐瘠薄，仅大孤山东山就有400多亩。全中国除鞍山有少数萌芽松外，只有大孤山才有几百亩成片的萌芽松。

竹是江南的竹，不远千万里来到大孤山，落地生根，长得蓬蓬勃勃。江南竹在东北安家，甚为珍贵。关帝殿、天后宫院内都有竹的身姿。

梅却不是梅花，而是杏梅。杏梅是大孤山一宝，可以称为孤山镇的镇树。不但孤山上有杏梅，孤山镇许多人家的院子里也都有杏梅。春夏之交，杏梅开花，孤山镇就淹没在一片花海里；香得酥了、透了，随便走在哪里，都满是杏梅花香。待过了小暑转大暑，杏梅熟了，走在孤山的街巷里，时时就有杏梅悬在你的头上，一伸手，就可以摘下一个来。古诗说："一枝红杏出墙来。"在大孤山，这句诗要改成"千枝红杏出墙来"。大孤山的杏梅个大、核小、皮薄、肉厚，味极绵甜，名扬东北，成为大孤山的名牌果品。

说起孤山杏梅，就不能不提到丹麦传教士聂乐信。聂乐信，又名聂玉铭，原名艾伦·聂乐希思，和童话大师安徒生出生于同一国度，为丹麦尔蛮族人。其父是基督教徒，曾侨居西班牙。1871年7月17日，聂乐信生于西班牙巴依尼卡，出生后，即受洗礼。不久后，聂乐信随其父迁回丹麦。她8岁入学，因家贫，曾以卖唱、做工求读。一次，帮工锄草，切掉两个手指头。她不畏病痛困苦，聪慧好学。1896年4月，聂乐信受丹麦基督教传导协会派遣，远渡重洋来到中国，在北京学习两年汉语后，于1898年冬来到大孤山。时值清朝末年，天灾人祸，大孤山下多有行乞者，聂乐信一到，就设点为贫困患者免费诊治，每天看病救助百余人。后来，又收养流落街头的女孤儿。她还先后创办崇政女子小学和崇政贫民救济所。10年后，崇政女校已发展成综合性学校，内设幼稚园、初小、高小、初中、保姆院、师范等，远在吉林、黑龙江两省也有教徒送女孩入学。崇政女校后来发展成为孤山中学，校友遍及海内外。1929年，聂乐信申请并加入中国国籍。她将丹麦教会每年发放的年薪1400元现大洋全部捐赠给慈善事业。九一八事变爆发后，日本占领了中国东北。1942年，日伪当局强制崇政女校师生晨起遥拜"天照大神"，聂乐信以基督教"笃信上帝，不拜他神"的戒命予以拒绝。虽然因此崇政女校被日伪当局强行接管，但聂乐信仍然不屈服。聂乐信不但办了崇政女校，还从丹麦带来了一些杏梅苗木，经与当地的杏梅嫁接，才有了今天大孤山的杏梅。

在松、竹、杏梅之外，就要说到大孤山的牡丹了。大孤山的牡丹来自古都洛阳。何时来的，难以考证，人们只知道整个大孤山古建筑群中殿殿有牡丹，特别是地藏寺，是牡丹最集中的地方。每年四月中旬，牡丹竞相开放，古建筑群就成了一片牡丹的花海。1999年农历四月初二，地藏寺重新开光。初一那天，大雾弥漫，到了初二早上，突然云开日出，地藏寺的牡丹也在那一天突然绽开。据老辈人说，那一年，大孤山的牡丹提前开花足足半个月。为佛寺开光提前开花，大孤山的牡丹真是有灵性的。

（五）释迦殿

释迦殿是供奉佛教祖师释迦牟尼的大雄宝殿。释迦牟尼，姓乔答摩，名悉达多，是古印度北部迦毗罗卫国净饭王之子，母名摩耶。据推断生于公元前565年，死于公元前486年，也称释迦文佛、世尊。族姓释迦，意译为能。

大殿里还供奉着十八罗汉。大殿北墙的壁画描述的是释迦牟尼离家出走以后，到雪山修行，历经各种艰难困苦的考验，最后悟道成佛的故事。两侧山墙的壁画描述的是释迦牟尼广拜名师和释迦牟尼的师傅预言释迦牟尼成佛的故事。

（六）文昌宫

文昌宫是供奉文昌帝君的殿堂，始建于清道光十年（1830）。文昌，本是星宿名，也称"文曲星""文星"，是中国古代对斗魁星之上六颗星的总称。文昌帝君，姓张，名亚子，因为生在蜀之梓潼县，故又称梓潼帝君。现在，文昌宫里供奉的是孔子。

大孤山古建筑群的格局融会了中国古典园林的艺术特点，庭中有庭，园外有园，变化多姿。月亮门就是典型的中国园林风格，一门小巧，别有洞天，门上砖雕的"明通"二字，平和、从容、大度，又弥漫着禅意的平静。穿过小小的月亮门，眼前柳暗花明又一村，别有一番天地。

元代的古柏，高数丈，不但是文昌宫的镇宫之宝，还和大孤山唐代银杏，明代古柞、水杉并称为四大名木。因其枝干盘虬苍劲，酷似飞龙游天，孤山人称之为龙柏；因为树冠呈球状，又称为圆柏。其实，学名为侧柏。树下有碑铭，称为"相思圆柏"。

（七）财神殿

财神殿始建于清朝嘉庆二十五年（1820）。在中国，民间供奉的财神很多，最著名的就是赵公明。相传，赵公明生于农历正月初五，所以，到了这一天，民间都依例买鱼肉、三牲、水果，供上香案，以求一年的财运亨通。

（八）关帝殿

关帝殿的砖雕和壁画具有独特的魅力，特别是砖雕，集大孤山古建筑群砖雕艺术之大成。三重檐门楼的砖雕是整个关帝殿砖雕最辉煌的精华。仅这个门楼上就有砖雕作品36幅，由104个雕件构成，面积达160多平方米。其中最大的砖雕作品是门楼左右的两幅：东边的是"游龙戏云"，西边的是"猛虎下山"，高、宽达1.5米，不但画面大，而且雕工精美。这两幅砖雕的四周又雕刻着一只只蝙蝠，极富装饰味。在门楼的背面，分别是"苍松梅鹿""翠竹仙鹤"，其松其竹其鹿其鹤，在雕工上和"游龙戏云""猛虎下山"同样精湛。

大孤山古建筑群"三奇"中的"两奇"是古戏楼的屋顶和倒坐庙，三重檐门楼中部的两条龙便是第三奇了。这两条龙和一般龙的形象有着明显的区别：龙的形象，无论是绘画和雕刻，都长着两只角，可是，这两条龙却是无角的龙。这就成了关帝殿的一大奇观。

关帝殿的砖雕集人物、历史、传说、掌故于一体，融合书法、草木、花卉、动物等，既具写实性，又富有装饰韵味，造型生动，雕工精美，具有较高的研究价值。

关帝殿里东墙的壁画是"桃园三结义""陶恭祖三让徐州""曹阿瞒许田

射鹿"等，西墙的壁画是"三英战吕布""挂印封金""过五关斩六将"等。壁画上的人物，工笔彩绘，单独看，一情一景各有千秋；整幅看，又融为一体，显得气韵生动，大气磅礴。人物的喜怒哀乐，纤毫毕现，车辚辚，马萧萧，一眉一目、一盔一衣、一刀一剑都见精神，甚至一门一桥、一木一石、一花一草都鲜活生动。

（九）天后宫

天后圣母殿，又称天后宫，民间则称为海神娘娘殿。海神娘娘是一个广泛流传于中国沿海地区神话传说中的人物，即"妈祖"。

大孤山的海神娘娘殿始建于清乾隆二十八年（1763）。清光绪六年（1880）被大火烧毁后重建。其主体建筑由面阔五间的硬山式正殿和同样面阔五间的卷棚抱厦构成，气势宏伟，风格独特。据说，这是黄河以北规模最宏大的海神娘娘庙。

大孤山的四君子是松、竹、梅、牡丹。竹在江南本是寻常之物，而在北国相当少见。但是，在天后宫，却长得繁茂碧绿。大孤山人说，这青绿的竹是海神娘娘从江南带来的。

在大孤山四君子中，天后宫有竹君子；在大孤山四大名树中，有唐代银杏、元代侧柏、明代老柞和水杉。水杉，杉科，落叶乔木。树皮剥落成薄片，侧里小枝对生叶，可以看到，叶呈线形，交互对生，成两列式，冬日，与侧枝同时脱落，花球形，单性，雌雄同株。这是一种极好的观赏树木，属我国特产稀有珍贵树种，是树木中的活化石。在古建筑群里，只有这一棵水杉，据说，是20世纪三四十年代栽下的，至今已有七八十年了。

天后宫不仅以博大宏伟著称，也以匾多著称。"文化大革命"以前，卷棚内有匾80多块，现仅余下4块。其中，"永庆安澜"匾是天后宫匾中的精品。笔墨遒劲，雍容大度，是清光绪年间军机大臣、两江总督左宗棠于清光绪十一年（1885）所书。左宗棠不但善于统军，还是清代著名的书法家，就在题写"永庆安澜"巨匾的当年，以74岁高龄逝世于福州。"文化大革命"期间，此匾连同古建筑群所有匾一起被摘下，有的做了门窗桌椅，有的成了烧柴，而这块匾因用背面做了学校的黑板，没有损坏，才重新挂到这里。

（十）药王殿、玉皇殿和真武殿

药王殿始建于清道光十二年（1832）。大殿中间是药王孙思邈的木雕像。孙思邈，是唐时名医，京兆华原（今陕西铜川市耀州区）人，所著《千金要方》传世，经久不衰，为中国古代杰出的医学专著。孙思邈为古代供奉的药王之一。

药王殿的两边分别是中国古代十大名医木雕像：东边是皇甫谧、华佗、孙思邈、葛洪、扁鹊，西边是徐文伯、刘河间、孙琳、张仲景、张子和。

药王殿旁边，便是玉皇殿。玉皇，是玉皇大帝的简称。玉皇殿和药王殿建于同年，后又重修于清咸丰三年（1853）。玉皇殿虽然小，却有象征九重天的九级台阶，而且砖雕极精致，"宝相莲花""天兵天将"的刀工细腻传神。

真武殿供奉的是三官大帝，即天官紫微大帝、地官青灵大帝、水官旸谷大帝。三官为道教及民间信仰中主宰人间祸福的神。

（十一）龙王殿和佛爷殿

龙王殿和佛爷殿同脊。龙王是统领水域，掌管行云布雨的神。龙王的身旁分别是两位巡海夜叉。左边又有雷公、电母、风神，右边是雨神、雾神、雹神。在中国，沿海和临河的地方多建有龙王庙。

佛爷，是对佛祖释迦牟尼的俗称。佛爷殿，原来叫罗汉殿。"文化大革命"期间，十六尊铁罗汉被化为铁水，降龙、伏虎两尊泥塑的罗汉也被砸碎。现在的殿宇是1982年重修的，因为没有了罗汉，改称佛爷殿。

（十二）大孤山三绝：圣水宫、三霄娘娘殿、七星天

在大孤山古建筑群中，有一戏楼一古塔一名匾，有二古亭二名泉二特色，有三奇三大古风，有四君子四名木四大谜，还有三绝。

第一绝是圣水宫。在中国宗教建筑中，道教称宫称观称院，佛教称寺称庵称阁。圣水宫，虽然有宫之名，却有宫无殿，自然也就没有一根雕梁半根画栋，建筑材质皆为石质。就连著名书法家王堃骋所题"圣水宫"三个大字，也是刻在石壁上的。

圣水宫有宫之名却无殿宇是一绝，圣水宫内的水也是一绝。在北面峭岩之上，天生酿泉三眼，如星，聚为三角，吐水如珠，四时不绝。泉下有个天然池塘，宽不到三尺，深不到三尺，长不到丈，天旱水不干，逢庙会，几万人饮之不竭。此水被称为圣水，与山下大泉眼并称为大孤山两大名泉。圣水宫之水甘洌、清甜。相传，饮此水能医治百病、延年益寿，很多人慕名而来，以求一饮。

第二绝是三霄娘娘殿。三霄娘娘是指武财神赵公元帅的三个女儿云霄、碧霄、琼霄，也有人说三霄娘娘是指赵公元帅的三个妹妹。清乾隆九年（1744），山东崂山道教正一派第九代传人倪理休来到大孤山，募化三年，方

建成三霄娘娘殿。

殿内的壁画多是《封神演义》里的故事。东山墙的壁画是多宝道人摆下的"诛仙阵"和通天教主同弟子们摆下的"万仙阵",西山墙上的壁画是三霄娘娘摆下的"九曲黄河阵"。

三霄娘娘殿的绝,不是因为她们掌管生、死和命运的权利,也不是因为三个人同一天生日,而是在于三霄娘娘后殿的屋顶上全是黄泥抹就,没有一块瓦——有殿无瓦。

第三绝是七星天。有天光透过石隙的洞眼,衬着黄红的火成岩,格外醒目。天光入石成星,出石为天,因而得名七星天。七星天上有四个大字——"道山不老",丰腴、沉静、大度,是大孤山摩崖石刻的珍品。

图6-5　大孤山古建筑群

第七章

东北地区木质结构建筑

第一节 辽代木构建筑——锦州义县奉国寺大雄殿

辽宁锦州义县奉国寺与天津蓟县独乐寺、山西应县木塔堪称我国辽代木构建筑的典范，是我国建筑史上的杰作。义县奉国寺（俗称大佛寺）坐落在辽宁省锦州市义县城内，始建于辽开泰九年（1020），是辽朝自称释迦牟尼转世的圣宗皇帝——耶律隆绪——在母亲萧太后（萧绰）故里所建的皇家寺院。经过历代修葺，形成了目前较为完整的建筑格局。奉国寺遗存有中国古代佛教寺院最古老、最大的大雄宝殿，世界上最古老、最大、最精美的彩塑佛像群。1961年，被国务院列为第一批全国重点文物保护单位。2013年，进入世界文化遗产预备名单。

图7-1 奉国寺

一、寺内建筑

奉国寺，原名咸熙寺，金代改名为奉国寺，因大雄宝殿内塑有七尊大佛，故又名七佛寺或大佛寺。前人曾有"宝殿崔嵬，法堂宏敞，飞楼高撑，危阁对峙"的描绘，可见其在当时规模之大。后经历代战火的破坏，今仅存大雄宝殿、无量殿、碑亭、牌坊等建筑，但仍是现存最大的辽代寺院。

寺内主要建筑为大雄殿，它是中国古代建筑中最大的单层木结构建筑。大雄殿筑于高3米、长30米左右的台基之上，为五脊单檐庑殿式，面阔九间，长48.2米，进深五间，宽25.13米，高达21米，建筑面积1829平方米。殿前开三门，后辟一门。宝殿内梁枋、斗拱及梁架底面上，至今保留着辽代的飞天、荷花、牡丹等彩绘数十幅。这些彩绘不仅笔法细腻，而且形象生动。宝殿内柱础为石造，其四周雕以牡丹、莲花等图案。这些图案不仅刀法遒劲，而且线条分明，均为世所罕见的辽代艺术。

殿内七尊坐佛为辽代所塑。左起依次为迦叶佛、拘留孙佛、尸弃佛、毗婆尸佛、毗舍浮佛、拘那含牟尼佛、释迦牟尼佛，皆端坐于须弥座上，通高9米以上。正中的毗婆尸佛合座高达9.5米。每佛前左右各有一胁侍相对而立，高2.5米。大殿梁架和斗拱上有辽代壁画，四壁有元代壁画，历经近千年，泥塑至今清晰可见。寺内还有金、元、明、清重修奉国寺碑十余甬。山

图7-2　奉国寺内佛像

门、牌楼、无量殿等均为清代所建。奉国寺始建时建筑规模宏大,金明昌三年(1192)、元大德七年(1303)碑刻记载:"宝殿穹临,高堂双峙,隆楼杰阁,金碧辉焕,潭潭大厦,楹以千计。非独甲于东营,视佗郡亦为甲。宝殿崔嵬,俨居七佛,法堂宏敞,可纳千僧。飞楼曜日以高撑,危阁倚云而对峙。旁架长廊二百间,中塑一百贰拾贤圣。可谓天东胜事之甲。"

大雄宝殿的内墙上全是壁画。东、西墙上各绘有五尊3.5米高的佛像,北墙上绘有八菩萨像,南墙上绘有十八罗汉像,东南、西南墙角上各绘有千眼千手佛像。这些壁画,不仅色彩绚丽,而且技法精湛,令人赞叹不已。

大雄宝殿内两侧竖有金、元、明、清时期的石碑共11块,镌刻着奉国寺的兴衰演变和重修概况,块块都是珍贵文物。

建筑学家梁思成曾发表学术报告,称辽代寺院为"千年国宝、无上国宝、罕有的宝物。奉国寺盖辽代佛殿最大者也"。文物专家杜仙州在调查报告中赞誉:"奉国寺大雄殿木构建筑,千年仍平直挺健,是我国建筑史一项极为光辉的成就。辽代七佛像高大庄严,权衡匀整,柔逸俊秀,神态慈祥,极为壮丽。梁架上飞天面相丰颐美悦,色调鲜明绚丽,是国内极为罕见的辽代建筑彩画实例。"鉴赏家、文物专家杨仁恺在《中国书画》一书中评价辽代彩绘时指出:"奉国寺大雄殿梁架上彩绘依然保存很好,光彩夺目,其中的飞天造型特佳,犹存唐代风标,甚为稀见。"主持过奉国寺维修工程的国家文物局古建筑教授级高级工程师杨烈,曾评价奉国寺大雄殿为"中国古代辽(宋)以前保存至今最为宏大和最为完整的单檐四阿顶木构建筑,建筑规模是中国第一大雄宝殿"。古建筑史学家曹汛说:"大殿九间是佛教建筑顶了天的极限,奉国寺七佛殿九间,全国古刹千百座,奉国寺大雄殿是穷极伟丽的。"学者周德仓发表文章对奉国寺给予极高的赞誉:"在相当长的历史时期,中国东北地区并不是中华文化中心,但是,奉国寺却以它突出的特色和完美的遗存,使辉煌的中华文化通过建筑、雕塑、彩绘等艺术形式展现给世人。"

二、佛像传说

义县有座世界著名的奉国寺。"这奉国寺庙大佛大寺院大",人们都叫它"大佛寺"。究竟有多大?当地人们形容:"说它大,一百间房子装不下;说它高,云彩在庙檐轻轻飘。"至于说到佛,那形容得就更玄了:"手掌一摊像盘磨,四个人上去团团坐。"

关于七尊大佛还有一个美丽的传说。

相传，大佛寺中供奉的七尊大佛本来是姐妹七人。她们个个美貌非凡，而且心地善良、心灵手巧。东家的婆婆病了，她们服前侍后，端汤喂药；西家的公公衣服破了，她们浆洗缝补；就是讨饭的路过，也要茶饭相待，临走还要送些衣食盘缠……当地的人们都称她们是七仙女，一提起她们没有不竖大拇指的。

一天，七妹到河边为一位老公公捶洗衣服，忽见一位白胡子老头随着一阵轻风从天而降。七妹正觉奇怪，只听老头开口道："吾乃玉皇大帝的使者。玉皇大帝和各路神仙为你们七姐妹的善举所感动，决定收你们为佛。明天正午时分，天鼓响时，你们就会成佛了。"老头说完，就不见了。七妹回去后就把此事告知了六位姐姐。六位姐姐听了，知道往后再不能亲手为乡亲们做事了。于是，当天夜里，七姐妹一夜没睡，给乡亲们做了许多鞋袜衣裤，一直做到天大亮，才把做完的东西分送到各家各户。

事情做完了，七姐妹看看时辰不早了，赶紧梳洗打扮。天近午时，只见西北方天空乌云翻滚，雷声一阵比一阵大。正午时分，天鼓响了，六位姐姐都已归位坐好。七妹却因为光顾着帮助姐姐们梳妆打扮，自己的衣服才穿上一半。玉皇大帝就把她们一块儿收成佛了。现在，人们在大佛寺里还能看到一尊穿着半截衣服的佛像，那就是传说中的七妹，其余六尊是她的姐姐。当然，这只是民间的美丽传说。

第二节　漠河民居——木格楞与木包房

木格楞一词是俄语的音译，是老式俄式建筑的意思。此建筑为全木质结构，墙体由粗壮的原木堆积钉成。

现如今，在满洲里地区依然能见到过去俄国人留下的这类建筑。此类建筑非常漂亮，很有地域风情。木格楞以木搭积、刀斧雕刻，用上好的原木修建。修木格楞一般有五步。第一步是铺底盘。用很粗的松木做基础，所选松木直径一般都在60厘米以上，按照尺寸在两端凿出牙卯，镶嵌相扣成长方形框架。第二步是垒原木。选用规格基本相同的原木，刨平两面，按照一定的尺码钻眼，插入木钉，层层叠垒相垛，在叠垒中留出门窗。第三步是吊柂。上面铺上木板，板上和上草泥，再盖上锯末或马粪。第四步是建房盖。先榫好人字形木架，横榫小径木，然后铺上雨淋板——雨淋板也叫灯笼板、劈材板。制作雨淋板是很有学问的：首先选择木纹极顺的原木，截成1米左右长，然后用斧子劈成板子，木棱凸凹的板子便成了"木瓦"。雨淋板比锯材板耐腐蚀，往往数十年不烂。第五步是砌火墙。火墙，也叫间壁墙。用砖砌并形成夹层空间，与厨房火炉相通，炉烟必经火墙上下循环，最后由烟囱排出。火墙能产生极高的温度，使两侧居室十分暖和。

木格楞可分为3种，即林区木格楞、边境木格楞、旅游木格楞。

与木格楞相配套的还有一种二层结构的建筑，这种建筑被称为"暖巴拉"，俄语为仓房之意。这种暖巴拉与仓房相比，用途更多。它的下面是马厩（现在也有做"四轮车"车库的），马厩的上面铺小杆，小杆上用水泥抹平，用于晾晒粮食，最上面的顶棚则可遮雨。

图7-3　木格楞

第八章
东北地区传统民居

第一节　吉林市乌拉满族民居

乌拉街镇位于吉林省中部偏东、松花江上游右岸，是吉林省有名的满族聚居地，有"先有乌拉，后有吉林"之说。吉林雾凇的最佳观景点雾凇岛就在该镇附近。乌拉街镇历史悠久，人文荟萃。远在5000年以前的新石器时代，满族人的祖先就在松花江一带劳动、生息、繁衍。明代，它曾是海西女真扈伦四部之一乌拉部的治所。清代，是打牲乌拉总管衙署所在地。现在，是吉林市龙潭区乌拉街满族镇。

一、满族民居简介

（一）院落布局

满族宅院一般均为方形。早期"立木为栅"，将房屋包围起来，前面正中立一栅门。富裕人家四周砌墙，并建有影壁。后期房屋建筑形式多与汉族建筑风格相结合，尤其是门窗及主体装饰部分，多有祈福纳祥方面的雕刻和彩绘图案，体现出民族融合的社会风尚。

满族住宅一般分为富裕阶层居住的住宅和平民居住的住宅。一般情况下，富裕阶层住宅是四合院，平民住宅为三合院。

满族贵族住宅的四合院由前院（包括左右厢房）、内院（包括正房和左右厢房）、门房（包括门房的左右耳房）组成。[①]与此相反，一般农村满族的大套院（也称"大院套"）较为普及，分为海青房、泥草房两类。海青房指的是用大青砖和小青砖建的房。院落布局的特点是大门前过道设置影壁墙。

---

① 松茂如：《盛京故宫》，44页，沈阳，辽宁民族出版社，2002。

大门有四脚落地式、屋宇式、木板门几种类型。有的房屋还在院落中心处设置影壁墙。影壁墙的类型分为空心（花心砖）、实心（无花砖）等几种。正房和厢房的布局大体分为五正三厢式、五正五厢式、五正六厢式、三正三厢式、三正六厢式等，既有有檐廊的，也有无檐廊的。正房左右均有拐子墙和小便门。院落四周多以墙围护。泥草房的房屋结构以土、木、石、草为主体。房的山墙以石头做基底，多以"拉哈"（泥土与谷草混合拧编为辫状）制成。房上用谷草苫盖。正房外有仓房，四周有土围墙或木栅栏。大门有四脚落地式、光棍大门、木板门等几种[1]。

《吉林府志》记载："吉林本为满洲故里，满洲聚族而处者，犹能无忘旧俗。"清朝和民国时期在吉林城及乌拉镇聚居着大量的满族人家，住宅大门不仅体现着等级身份，更是满族住宅风格的集中反映。

住宅大门都建置在住宅中轴线的最前端。它的两端和外墙连接，是一处住宅的外部表征，是人和物进出的地方，也反映住宅的规模。如在封建社会，只看大门房舍就知道主人的贫富等级了。因此，大门成了住户人家财势的代表。封建社会人们对于修建大门极为重视。建宅时，对大门设计的要求根据主人的喜好、住宅的平面布置方式和材料的情况而定。乐嘉藻在《中国建筑史》中认为，大门分为两种：一为外垣之一部谓之墙门；三间五间之建筑，用其中一间为门，上宇下基谓之屋门。吉林城满族住宅大门也采用这两种形式。

屋宇型大门，俗称砖门楼，用在三合房式平面的最前端，也就是独立式的门楼。两端连房的变成了四合房式的门房。一般门房布置为三间的较多，特殊的大宅也采用五间门房。它的做法和北京的屋宇型空廊式、柱廊式的大门相似，将大门的装饰直接安装在金柱之间，使门房前后均有空廊。门扇下部有门槛，做成活动式的，上安铁环，当行走马车时，可以将门槛摘下，两端的门枕用石料制造，前端的门枕石做成高大的狮子型。此外，也有单间的大门，因为三合院内房屋高大，大门只做墙门感觉不甚协调，所以做成单间门楼。顺城街恩祥住宅的大门采用硬山式铃铛脊，排山墙面开六角形窗子，也是精致的范例。

四角落地大门，俗称瓦门楼，是乌拉镇一带满族住宅特有的样式。在三

---

① 尹郁山：《吉林满族民俗》，48～50页，长春，吉林文史出版社，1991。

合房的住宅内，因为宅前无房，所以做成四角落地大门一座，以重观瞻。这种大门的构造主要以圆型木柱支承屋上梁架，以合瓦压边仰瓦顶、悬山顶的搏风头刻出一朵荷花，形象生动。大门的山柱与住宅的外墙外面在同一条直线上，进出的两侧做斜墙，形成八字影壁。前后四根明柱上下直立于础石上，大门扇安装于山柱中间，门扇中间镶木制小匾，书"吉祥"等字句，梁柱之交用燕尾相连。四脚落地大门的构造简单精巧，特别是瓦顶、瓦脊的曲线自然而有力。

木板大门，俗称板门楼，是墙门的一种形式，也是由于三合院前端有大墙而形成的大门。它是因木板障（木板墙）的产生而出现的。其两端和木板障相连接，十分协调。满族人很早就开始制作这种大门，它的构造极为精巧，充分运用了地方材料——木板。这样的大门有两种类型：一种是大门两端有小门，平时出入的人走小门，到了婚丧嫁娶、喜庆聚会的时候，大门全部被打开；另一种是只有一座木板大门而无旁门，当时吉林西关的住宅多为这种木板大门，这种大门均用于普通人家。

以上几类大门的走马板很高，很多人家于此悬挂金匾，旁列对联，更增加了"官宦门第"的味道。

在各式大门的门扇上都施用门环。门环用金属制作，有各式花纹，形象美观。如大东门向阳胡同住宅的大门环选用兽面，口衔铁环，极为生动；二道码头一住宅门环做成正圆形花边，门环也为正圆形，极为光滑，这些都沿袭了我国的汉唐古制。

（二）屋内结构

整座房屋形似口袋，因此称作"口袋房"。进门的一间是灶房，西侧居室则是两间或三间相连。开门的一间称"外屋""堂屋"；西面屋又称"上屋"，上屋里南、西、北三面筑有∏字形大土坯炕，叫作"万字炕"，民间俗称为"弯子炕"，也有叫作"蔓枝炕"的。室内南北炕与屋的长度相等，俗称"连二炕"或"连三炕"。因是供人起居坐卧的，炕面宽五尺多，又叫"南北大炕"或"对面炕"。正面的西炕较窄，供摆放物品之用。炕之间的空地称为"屋地"。实际上，室内的大部分平面空间都被炕占据，所以人们的室内生活主要是在炕上。家里来客人，首先请到炕上坐；平日吃饭、读书、写字都在炕桌上；孩子们玩抓"嘎拉哈"、弹杏核、翻绳（俗称"改股"）等游戏也是在炕上。

南炕因在南窗下，冬季阳光可直射其上，所以较暖和，在旧时老少几代同居一室的大家庭中是家中长辈居住之处；其最热乎的"炕头儿"位置（靠近连炕锅灶的一侧），供家中辈分最高的主人或尊贵的客人寝卧。北炕冬季阳光不易直射，较为阴冷，往往晚辈住或用来存放粮食；北炕墙上供置放宗谱的谱匣。南炕梢一般放描金红柜，北炕梢陈设一只与炕同宽的长木箱，俗称檀箱，内放被褥和枕头。北炕上常放一张小炕桌，冬令时，常放一只泥制或铁制的火盆。西炕最重要，一般人不能坐，连贵宾挚友也不能坐。因为在西炕墙上端供着神圣的"窝萨库"——祖宗板。平时不许在西炕上面任意跺踏或存放杂物，否则便是对祖宗的大不敬，会亵渎神灵，要遭到惩罚和报应。

（三）发展历史

早期满族人的居住条件非常简陋。随着生产的发展，经济与文化有了较大的改观，满族的民居住宅也自然形成了自己的特点。满族多居住在山区谷地，尤其注重御寒问题，从而形成了满族特有的居住习俗。

他们以当地的建筑材料修建了草房和砖瓦房，正房面南。火炕是满族人家住房主要的取暖设备，东屋是小字辈儿的住房。在东北地区，汉族修建房屋，一般将烟囱设在屋顶上。而满族却将烟囱建在房西或房后地上，以一段横烟道与烟囱相连。又叫"跨海式烟囱"。满族人家院内东南侧立有索伦杆，上面有斗，是祭天用的。斗内放些粮食、肉类喂乌鸦，因为传说乌鸦救过老汗王努尔哈赤。

满族人家的烟囱是安在山墙外的。烟囱安在山墙边，是百姓生活的发明与创造。这是和东北的气候分不开的。烟囱安在山墙边，是为了延长烟火的

图8-1　满族火炕

走向，让柴草的热度均匀地保留于炕内。这是保持炕内温度的绝妙之法，又是节省燃料的精细打算。

满族先人以穴居为主，到女真时期才有了简陋的房子。

满族入关前的住房比其先人有了明显的改进，"即樵以架屋，贯绳覆以茅，列木为墙，而墐以土，必向南，迎阳也。户枢外而内不键，避风也。室必三炕，南曰主，西曰客，北曰奴，……"满族住房多数是向南的正房，西墙有窗。一般的房屋是"三楹或五楹，皆以中为堂屋，西为上屋"。房顶覆以莎草，厚二尺许，上面用草绳牵拉，或者用木杆压住，以防风雨。墙体多用土坯，室内的间隔墙多用"拉合墙"（拉合墙：以纵横架木，尺许为一档，在横木上挂麻草辫下垂至下一档，两面涂泥，墙体薄而占地不大）。中华人民共和国成立后，东北农村还常见这种墙。直至20世纪80年代，这种墙才逐渐消失。这个时期，东北地区城镇的建筑业也有了很大发展，宁古塔已发展成为东北边陲重镇，满族人建起了一批标准较高的满洲式房屋。这些房屋都是四合院。建有正房、东厢房、西厢房，并有围墙和门楼，材料是青砖、青瓦，台阶用花岗岩条石，院内建有影壁墙，竖有索伦杆，杆上有锡斗，杆下有四块石头，称为"神石"。

清朝中期，东北地区的经济发展较快，房屋的建筑也有了进一步的发展，"房屋大小不等，木料极大。有白泥，泥墙极滑可观。墙厚几尺，……屋内南、西、北接绕三炕，炕上用芦席，席上铺大红毡。炕阔六尺，每一面长一丈五六尺。夜则横卧炕上，必并头而卧，即出外亦然。橱箱被褥之类，俱靠西北墙安放。……靠东壁间以板壁隔断，无椅凳，有炕桌，俱盘膝坐"。吃饭时，围桌盘膝而坐，暖和方便。炕上不备笤帚，扫炕掸尘用狐

图8-2　满族民居

尾，扇风用雉翼。"尘消书案狐摇尾，烟起茶炉雉展翎"，便是其实。

南北炕西头皆摆一个高4尺、长5尺，上下两层、双门对开的大衣柜。柜上镶有四个圆形铜质大合页、八个梅花状的小铜垫，柜门中间设有黄铜的柜权，镶在一个较大的圆形铜片上。柜的表面涂深红色的油漆，并绘有金色的图案，外形平整大方。在两个大柜的中间摆一个高3尺的杂物柜，叫作"炕琴"，用以陈设梳妆用品、帽筒、茶具等物。

满族的住房和居住习惯是由其地理条件与生产、生活条件决定的。入关以后，随着条件的改善，居住习惯也发生了一些变化。但是，满族原有的建筑形式还长期保存着。迄今，北京故宫博物院的坤宁宫、宁寿宫等建筑外观上吸收了汉族古建筑的特点，宫内配置还是满族式的。

满族住房的建筑风格，既适应我国东北地区的气候特点，又有很强的适用性。例如，房屋分为上屋、下屋、堂屋三大间，中间开门，门两旁各三窗，屋内宽敞，采光充足，便于通风，可保持室内温度的相对平衡，同时有利于室内卫生。烟囱建在房子的一侧，而且宽大。一方面适应围炕过火量大的特点，便于烟火通畅，避免发生火灾。另一方面适应高寒地区特点，冬冻春化，不容易倒塌。窗户纸糊在窗外，不仅可以加大窗户纸的受光面积，而且可以避免冬季大风雪（俗称"大烟泡"）的冲击，还可以避免窗户纸一冷一热而脱落。窗户纸用盐水、苏籽油喷浸，可以持久耐用，不会因风吹日晒而损坏。窗户下面固定，可以避免风雨直接吹入室内；上面向外横开，可以避免大风吹坏窗户。北面的窗户很小，既能保证夏季开窗户时有一些"过堂风"，又能保证冬季免受强劲的北风之苦。

所有这些都体现着满族人民的智慧、才能和创造精神。

二、乌拉满族民居

乌拉街满族镇是满族主要发祥地之一。据当地史籍记载，乌拉街古称"洪泥罗"城，远在5000年前的新石器时代，满族人的祖先肃慎人就生活在这里。乌拉街镇历史悠久，古迹传闻众多，曾是明朝海西女真乌拉部及清朝三大贡品基地之一的打牲乌拉总管衙门（负责进贡土特产品的经济特区）所在地。《吉林外记》和《打牲乌拉志典全书》记载："南接龙潭，北衔风阁，山卫胜地，水绕名区，诚形之胜地也"；"峰呈东岭，屏列一方，水漾松花，带环三面，是布特哈乌拉之形胜也"。"远迎长白，可谓五城锁钥，连绕松江，乃是三省通衢"。清代十二任皇帝，有五任在这里留下过战迹、足迹和墨迹。这里被清王朝封为"本朝发祥之地"，有"先有乌拉，后有吉林"之说。

乌拉街满族镇1000延长米的古城街，起自明朝乌拉国时期，随着乌拉国都城的建设和发展，形成了城外的商业街。史载，乾隆以后，商业繁荣，当年挂红幌的商号达70多家，手工业者和小商贩已发展至200多户，经营项目有呢绒绸缎、花纱布匹、干鲜果品、四季糕点、烟酒糖茶、日用家具、土产日杂、金银首饰、典当铺户等，无一不有。每当春秋两季，来自五常、拉林、双城、榆树、九台、舒兰等地的大车川流不息，松花江上运输的船只往来不断。历史的场景，就是东北地区的清明上河图。以古城街为核心，镇区现存老建筑（房屋）100座。乌拉街清代新城就是现在的主镇区，有9个城门。历史建筑有四祠八庙之说，四祠为将军祠、昭忠祠、松花江第一祠、仓神祠，八庙为保宁寺、关帝庙、财神庙、城隍庙、山神庙、观音阁、娘娘庙、药王庙。另外还有乐书亭，为东北最早的图书馆。在乌拉古城内，建有紫禁城，即皇宫。

在乌拉街城内，能见到的古建筑颇多，比较著名的有乌拉街三府——魁府、萨府、后府，还有白花点将台、清真寺、保宁寺等。在乌拉三府中，魁府是迄今保存较好的清代两进四合院。有正房五间，东、西厢房各三间，东、西耳房各一间，均以"风火山"与前院相连。当地政府为了保护它，很少开放。魁府始建于清光绪元年（1875），是晚清地方显臣王魁福的私宅。有碑文记载，此宅是王魁福出征伊犁立下战功后受赐于光绪帝。后府位于乌拉街永康路南。与魁府相比，后府可谓破败不堪。但是从史书上的记载来看，当年后府的建筑可以说是精细宏伟。后府主体建筑为二进四合院，大门朝东。朱门高阁，正门外高悬"坐镇雍容"一匾。院内建有花园、假山和私塾等处所，所有的建筑均配有精雕细刻的优美图案，装饰也极尽奢华，在建筑上甚至还使用着御用的龙形标记。现今走进后府，只剩下了正房和西厢房，一片断壁残垣，房顶的瓦片都烂掉了。据了解，后府为打牲乌拉总管、赵云生的私人府邸。萨府主体建筑同前两府一样，为二进四合院。早些年萨府还是有些残败的，但是随着近几年政府的重视，似乎它又回到了往日的辉煌。刚进大门，便可见墙壁两侧绘满了富有萨满气息的壁画，庭院里也显得格外整洁。相传，萨府为萨英额的宅府，萨英额为满洲正黄旗人。其宗祖由京调吉林为正黄旗佐领，传五世至萨英额。乌拉街三府的位置皆为风水宝地。之所以这样说，是因为这几个四合院都冬暖夏凉、宜人居住。其实，这与古人的聪明才智是分不开的。早在几百年前，古人就对四合院的建造很有造诣。首先，古人知道宜居房屋的最佳方位是坐北朝南；其次，他们掌握了建造四合院时房屋进深和院子大小的比例，使得阳光在冬季能照满屋，在夏季又不能照进房屋；最后，古人还学会了利用正午太阳高度角，结合房屋和南墙高度成一定的比例，恰到好处地利用了阳光的照射。乌拉街清真寺是吉林地区现存最早的清真寺，始建于清康熙三十一年（1692）。它坐西朝东，大殿是长方形宫殿式的阁楼，青砖青瓦，北廊五间，南廊三间，对厅三间。正殿悬挂一匾额，上书"德维教化"。它是当年居住在乌拉街古城的回族人集资兴建的。保宁寺原名保宁庵，也称"老爷庙"。坐落于乌拉古城东北面，是一占地1万平方米的宏大庙宇群。相传，始建于清康熙二十四年（1685），为二进院落。山门为青砖青瓦单檐式建筑，共三间，中间为山门，两侧是马殿，东殿内有泥塑赤兔马和马童，西殿内有泥塑大白马和马童。进山门左侧是鼓楼，右侧是钟楼。大殿上方悬挂"严疆保障"匾额。特别值得一提的是，庙内还立有一石碑，是清同治十年（1871）所立。该碑记述的是一个带有神话色彩的真实故事，若有心前往，自会知晓。除上述几处古遗址外，古城乌拉街内现存的和已经不复存在的著名遗址还有颇多，如曾有"八景""四祠""八庙"等古建筑。古城乌拉街除保留了众多古遗址为今人所探访与瞻仰外，还孕育了独具特色的乌拉街满族文化。

乌拉街诸府中，就其规模型制、装修等比较，应首推"后府"。"后府"的主人名叫赵云生，清光绪六年（1880）始任乌拉总管，打牲乌拉正白旗人。由于其颇受慈禧的恩宠，每次进京都得到慈禧的赏赐。从清光绪二十年（1894）开始的3年间，耗白银万两，修建了这座两进四合院宅第——"后府"。"后府"占地广阔、建筑气派宏大、雕饰讲究，是一座典型的官宦旗人住宅。

现在的"后府"仅存正房和西厢房。根据当地目睹过"后府"的老人回忆，这座占地近万平方米的宅第，原为两进四合院，并辟有西花园和南园。历经清廷倾覆，破坏甚大，民国初年尚有余辉，至伪满时期只留四合院一套。虽然有人看管，但百花凋零、院墙几倾、满目萧条。

经查史料、勘察现场及根据当地老人回忆，满族民居的总平面格局深受汉族文化的影响，无论是三合院还是四合院，均严格地按照中轴线对称布置，作为主要出入口的大门（或二门）必须在中轴线上。而"后府"的大门却在东南隅。据说，原来的意图并非如此，是因为在施工过程中有一宫姓太监扬言赵云生私仿京城亲王府宅，在政治上有野心，遂改南门为东南门。东门外有一青砖硬山式八字影壁墙，汉白玉基座，壁墙上用砖雕饰了精美的海水托日图案和"当朝一品"四个大字，两侧有记事碑刻。大门则是一高两低的滚脊砖瓦朱门高阁，门洞两侧设有耳房，用于安放执事用品。正门外中上方高悬"坐镇雍容"匾额一方；大门里侧也悬一匾，上书"茂实菲生"。步入大门后，是外院，由精美的花墙（腰墙）将内外院分开。外墙由一组建筑构成倒三合院，居者则为差人、马弁、执事人等。过二门进入内院，才是本家人等居住的地方。庭院的西侧是西花园，以月亮门相通。园内建亭、桥、莲池、假山等，环境十分幽静。外院南侧则为南菜园。

不难看出，后府的总体布局具有鲜明的满族民居遗风。首先，院落布局按照中轴线展开，布局严谨。内院正房居中布置，两厢房布置避开正房，不遮挡光线，且正房间数居多，使得院落宽。如此宽松布局的主要原因不单是东北地区土地广大，更主要的是为了求得庭院舒朗宽大，庭院及房间通风良好、多纳阳光。作为高寒地区，这种格局实属必然。其次，虽然内外院建筑布局十分宽松，均有宽大的院落，然而，外院住的都是差人及执事人等，大部分劳动都在外院完成，以保证内院的私密性。有的三合院用院内影壁墙将整个院落分为内院和外院。"后府"系两进院，自然靠腰墙和二门将内外院分开，使内院另成空间。就尺度而言，内院长者居住正房，开间及进深尺度大，室内净高也大，两厢房及外院房屋则依次渐小，如正房的檐口高于两厢房檐，从单体建筑尺度上，可以明显看到居住的尊卑及贵贱区别。这自然是受到汉族文化影响的结果。然而，诸如四脚落地大门等，则是满族住宅的特有形式。①

"后府"单体建筑更充分体现了满族建筑的特点：万字炕和落地式烟囱。"后府"正房是五间，中间明间为"堂屋"，东西两间采用扩间手法，即加宽各占两间。可以明显看出"后府"这种做法是受到汉文化影响的结果。堂屋作为明间，是人流出入和集散的场所，一进门，设置了一个造型十分讲究的铜火盆。靠后墙，则布置一对太师椅。正房为长者主屋，举架高，东西两屋均布置成北炕，烟通过万字炕走落地式烟囱排出。这样，火炕就成了主

---

① 王中军：《东北满族民居的特点——乌拉街镇"后府"研究》，载《长春工程学院学报（自然科学版）》，2004（1），36～38页。

要的采暖设施，并以炭火盆补之，俗话说：炕热屋子暖。堂屋与东西两屋间的间墙为木制板墙，以内门联系，做工颇为精细。屋前正面设置檐廊，进深1.7米，南墙开大窗，北墙开小窗，此为寒冷地区之必然。但开窗面积总和之大，并不亚于南方汉民族的住宅。按照满族的风俗习惯，东西两屋用来存衣柜、衣箱等家具，箱面及柜面上陈设古瓶、帽筒、座钟等，或视主人条件，陈设其他珍宝古玩等。

东西厢房也是各五开间，据当地老人回忆及查阅相关资料，东西厢房实际分隔成三个房间。按照满族风俗，房间数要取奇数（与"齐"同音，取其吉利），故三、五、七间为惯常做法。正房为上屋，上屋以西为大；东西两厢房俗称下屋，其内也有大小之分，东厢房（东下屋）以北为大，西厢房（西下屋）以南为大，下屋在举架高度及装修豪华程度上都要逊色于上屋。下屋虽然都是晚辈所居，而晚辈中也有大小之分，长者自然住大的一端。坐地式烟囱在满族民居中采用的最多，其他类烟囱，如附墙烟囱、"爬山虎"等做法虽然也有，但坐地式烟囱是满族民居的突出特点。

"后府"内院的正房和东西两栋厢房进深都较大，屋面举架高，坡度也陡，与外院相比则显高昂，外院房舍自然不及内院，而且内院三栋房前面都有檐廊，正房与厢房间通过券门以连廊相接，不仅联系方便，造型上也浑然一体。由于屋面较陡，采用小青瓦，以仰瓦形式铺砌成平坦屋面，更显外观雄浑。青砖墙面，磨砖对缝；局部青砖雕饰，配以石雕；正脊及两山墙斜檐均砌有外挑的脊头；立面十分丰富。朱红色的廊柱、青灰色的墙面与屋面、白色的石作、赭石色的窗棂子，整个色调古朴、典雅、协调。"后府"门窗制作十分精美，堂屋与东西两屋间的木制间壁墙制作也很讲究，尤其是将堂屋内门做宽，部分起到隔扇作用，典雅而清新，装饰了内墙。外窗格式受北京满族王府及民宅影响较大，但仍保留了很多地方风格。其他地方满族官宦也多采用。东北地区的一句俗话"窗户纸糊在外"，指的是乡间民宅；官宦宅第的门棂设计都很讲究，为了装饰，窗户纸都糊在里面，以使窗格得到充分展示。

"后府"宅第不仅体现了吉林地区满族固有的建筑风格，也显示了广大建筑工匠的聪明才智及创造力，同时佐证了作为满族上层人物的豪华奢侈生活和阶级本质。当时，大批修建的吉林乌拉满族官宦宅第均有此特色。作为文化的一个侧面，满族先民在长期与大自然斗争过程中不断积累及同中原文化不断交流，形成了一整套自己民族的建筑文化，这是颇为值得民族骄傲的一面。①

第二节　长白山满族木屋

长白山是满族的故乡，是满族文化的发祥地；长白山木屋是满族先民创造的特色生活环境和住处。满族先人是发祥于长白山的森林民族，创造了独具风采的木屋文化，形成了久远的历史。满族的先人肃慎人于先秦时期生活于长白山地区。春夏，以树木搭建简易的木屋；冬则掘地为穴。后来，满族先人发明了火炕，以空树筒为烟囱，解决了取暖难题，使木屋建造技艺有了突破和发展。

一、木屋历史追溯

《山海经》载："大荒之中，有山曰不咸，有肃慎氏之国。"②肃慎是满族先人。不咸山，即长白山。就是说，当年满族祖先居住在长白山。长白山以其奇伟、秀丽的风姿和神话般的魅力，吸引着千千万万的女真人。

商周时代的肃慎人以狩猎为生，尚没有固定的居室。战国以后，肃慎人称挹娄，有了农业，地产五谷，长于养猪，能织麻布，仍居住于土穴中，其族人认为土穴越深越好。北朝及隋唐的史书分别以"勿吉""靺鞨"称肃慎、挹娄的后人，言其"凿穴以居，开口向上，以梯出入"。"居无家庐，负山水坎地，梁木其覆以上，然夏出随水草，冬入处。"可见，当时已由地下建筑向地上建筑转化。至辽代的靺鞨人，始有房屋，但仍没有解决取暖问题，所以还是"春夏居其中，秋冬仍穿地为洞"。金、元、明时期，女真人的住房有了很大发展，"窝舍之制，覆以女瓦，柱皆插地，门必向南，四壁筑东、西、南面，皆辟大窗户，四壁之下皆设长炕，绝无遮隔，主仆男女混处其中。胡卒人家，盖草覆土，而制则一样"。炕的出现解决了取暖问题，使满族的住房从地下转为地上，从此不再穴居。

---

① ②　王中军：《东北满族民居的特点——乌拉街镇"后府"研究》，载《长春工程学院学报（自然科学版）》，2004（1），36～38页。

这时，满族先人已"屋居耕食，不专射猎"，走向了定居生活。同时，"不唯有屋宇，更有很好的烟囱，装置在屋外"。烟囱是用空树筒做的，高过檐头，适于山区多变的风向，不倒烟。这种木烟囱是满族先民的一大发明。

长白山地区的满族住房至今仍保持着金代女真人的建筑风格。"依山谷而居，联木为栅，屋高数尺。无瓦，覆以木板或以桦皮或以草绸缪之，墙垣篱壁，率皆以木，门皆东向。环屋为土床，炽火其下，相与寝食起居其上，谓之炕，以取其暖。"这是对木屋的详细记述，与今日所见无异。

长白山木屋，被当地人称为"木格楞"，用原木凿刻垒垛造屋，如同上下门牙咬合一样；又称为"霸王圈"，意喻非常牢固，即使霸王的骁勇对它也无可奈何；建筑学上称为"井干式"房屋，即如同用原木围成的井口护栏。这种房子不用石、砖、瓦，而全用原木堆砌，然后在里外两面涂抹黄泥，挡风御寒；不精雕细刻，而是斧砍刨削。交叉之处，木料纵横交错，给人一种随意而古朴的印象。房顶用木瓦覆盖，从内到外、从上到下，全是木材。木屋成形后，为了防止寒风从缝隙中侵入，将墙的外壁用厚厚的掺杂着干草的泥巴抹匀。如果不是两面墙交叉处长长短短的原木暴露了房屋的主要材料，人们会以为是土坯房。房顶的木瓦因为风吹雨淋呈现的是灰黑色，不仔细观察很难分清材质。长白山木屋还有一个重要特点是保温好，能抵御长白山地区的严寒。长白山满族木屋在民间延续千余年，其建造技艺得以传承，至今仍有许多山民在木屋中生活。

满族木屋墙体、门窗、房梁、烟囱、瓦片的建造都沿用古老的工艺，全部使用木材。它是真材实料的木屋，却又与我们想象的木屋不同。想象中的木屋虽然很美，与自然融为一体，但是无法抵御严寒与湿、虫。

木格楞具有如下优点。

（1）就地取材，造价低廉。长白山树木漫山遍野，为囱、为瓦、为墙，是最容易得到的廉价建房材料，甚至不用花钱。而石、砖、瓦等却是山里奇缺之物，因山林交通险阻，难以运进山来。

（2）加工粗放，省时省力。满族先辈以狩猎捕捞为业，少有金属器物，所以建屋的木头不锯不雕，以原木垒垛，甚至连树皮也不剥掉。至后世，山民仍沿袭这一古风。

（3）保暖。这种原木加泥巴的墙壁可达近一尺的厚度，又因为木屋较矮，所以利于保暖。屋内还有火炕散热，足以抵御北方严寒。

（4）经久耐用。因建屋的木材为松木，耐潮、耐腐蚀，可经百年风雪而不朽。建屋 10 年后，如墙壁倾斜，可重新翻盖，房木、房瓦可再用。

这些优点使木屋得以在长白山地区被满族山民祖祖辈辈传承至今。清朝末年以来，陆续有来自山东、河南、河北的流民，以及朝鲜灾民来到这里，开荒种地，挖参采药。他们跟当地的满族山民学习，伐木造屋。长白山木屋为各族人所接受、沿用，形成了地域性文化。

图 8-3 木格楞

二、木屋样式

长白山区的木屋，是以木为屋、为墙、为瓦、为烟囱，这是一个总的概念；但是，不同的地域、不同的环境和不同的用途，使木屋在材料选用、建造方法、大小高矮等方面各有不同。

（一）木格楞

详见上文。

（二）地戗子

地戗子，也称马架子、口袋房、筒子房，较之纯正的木格楞住房要矮小，原木要细。多建在大山里，为猎人、挖参人、采药人、淘金人和土匪绺子住用。地戗子大小不等，少则仅容 1 人，多则可住百人。地戗子用木杆支架，内铺树枝、野草或兽皮。简易的造屋方法是先砍伐碗口粗的木杆，用树皮勒子捆缚成两个大小、角度相同的人字架，顶端捆一根杆为梁木。下端埋进土里踩实，再在人字架两坡上纵横捆绑一些细木杆，形成框架，这就是屋盖儿。其上苫盖桦树皮、黄菠萝树皮或茅草，里面地上铺松树挠子，上面再铺上狍皮，就能睡人。

还有一种地饯子是暖饯子，也是房山头开门，屋内有炕，锅灶盘在炕前，俗称"头顶锅"。烟囱修在后墙外，是用中空的树筒做成的。

（三）地窨子

地窨子是在地下挖出长方形土坑，再立起柱脚，架上高出地面的尖顶支架，覆盖兽皮、土或草而成的穴式房屋。建造地窨子的房址，一般选在背风向阳、离水源较近的山坡。先向地下挖三四尺深的长方形坑，空间大小根据居住人口多少确定，在坑内立起中间高、两边矮的几排房柱，柱上再加檩椽，椽子的外（下）端搭在坑沿地面上或插进坑壁的土里，顶上绑房笆和草把，再盖半尺多厚的土培实，南面或东南角留出房门和小窗，其余房顶和地面间的部分用土墙封堵。这种房子地下和地上部分约各占一半，屋内空间高2米左右，或砌火炕、或搭板铺在地中央生火取暖。房顶四周再围以一定高度的土墙或木障，以防牲畜踩踏。

地窨子盖造方便、保暖性好，很适合不在一地长期居住和建房技术水平不高的游猎民族冬季使用，但这种房子的耐用性很差，通常每年都要重新翻盖一次。

图8-4 地窨子

三、木屋结构

（一）窗户

木格楞房屋的前墙、后墙均有窗，有的房山墙也开窗，其作用一为通风，二为透光。长白山地区的木屋多为支摘窗，这是上下两扇组合的窗式，一般为上大下小，上扇可以支起，下扇可以摘下，所以称支摘窗。支起上扇能通风、采光；下扇则有遮掩作用，可避免外面对屋内一览无余。上扇窗有木窗格，上面糊纸。其特点是"窗户纸糊在外"，这也是"关东三大怪"之一。究其原因，是长白山区冬季寒冷，窗户纸糊在外面不缓霜、不易脱落；同时因为山区风沙较大，窗户纸糊在外面，也不易被风沙吹打脱落。当年糊窗的纸多为当地土法生产的麻纸，也叫窗户纸，质地粗糙，透明性差，拉力也差。常常在纸上勒上麻纰，以增加拉力，还要刷上豆油，使纸半透明，又可抗雨雪。近代多镶玻璃。

长白山木格楞是满族的文化遗存，不仅外部构造充满浓郁的地域风情，内部陈设也独具民族特色，尤其是女真人时期发明的火炕，不仅解决了满族先民的取暖问题，更由此衍生出丰富多彩的"炕上"文化。

（二）木瓦与劈制

长白山木屋用木片、桦皮代瓦或披苫苫房草。木瓦是木格楞房子所特有的。木瓦的木材取自山林中的倒木，以红松为佳，多锯取倒木的下端。红松多树脂，根部尤多，抗腐蚀。在山里，也有山民以桦树皮为瓦的，此物简易、省力，剪成较长的大片儿，长可为1米左右，也是一种较好的苫房材料。还有山民用苫房草苫房，但三五年需更换一次，不耐用。

（三）木烟囱

长白山木屋的木烟囱是一棵空树筒，又粗又长，高过屋脊，满族人将这种木烟囱称为"呼兰"。在深山老林中，多有枯死的参天大树，木心朽烂而成空筒。这是制作木烟囱的理想材料。锯取又粗又直的一段，长3~4米，直径约50厘米。用火燎尽树心朽木，再灌涂稀泥巴，立于檐外。底部有一横树筒和炕相通。

四、室内陈设

（一）祖宗板

在山里的满族人家重视对祖先的祭祀。在西墙上，有一个重要的陈设——祖宗板。在墙上端钉有两个三角形支架，上面搪一块木板，长约60厘米，宽约30厘米，这就是祖宗板。

满族人有着深厚的传统信仰和民族感情。每逢重大的年节活动，都要举行祭祖仪式，满族人俗称祭"祖宗板""子孙绳"。满族居室中的西墙是供奉家谱和祖先神位的地方。因此，西侧的炕面较窄，多放有柜箱，是不许人随便坐卧的。柜箱上面摆有花瓶、水具，也不许乱放东西。

每逢年节来临，在西炕柜箱上面供奉香火、酒菜。由一家之长洗手焚香后，从西墙上方的"祖宗板"上捧下家谱谱匣，俗称"请谱"。然后将谱单挂起，让家人瞻看，俗称"晾谱"。家人按照辈分先后排列，向族谱和家谱奉香祭拜，俗称"拜谱"。然后，分别将去世家人的名字用黑色勾去，将新生子孙的名字用红砂填写上，俗称"续谱"。修谱完毕，家长讲述家族的历史，进行家风、家规教育。最后，将谱单放回谱匣，焚香叩拜后，归放在西墙"祖宗板"上。当不必填续家谱时，也可直接在西墙上供奉，不必移下谱匣、展开谱单。

更早的时候，满族人的家谱并非满文名字书写的黄色纸帛，而是用不同颜色的布条等连缀而成的"子孙绳"。每个布条代表一个生丁，根据家人的生死添续；隔代之间用特殊的骨饰等表示。祭"子孙绳"时，须将"子孙绳"的一端悬挂在屋内西墙的"祖宗板"上，另一段则续接到屋外的柳树枝上，以此象征家族人丁兴旺。从早年满族的祭柳习俗来看，正反映出对女性生殖力及"生命神"崇拜的古代信仰观念。

（二）摇车子

关东三大怪：窗户纸糊在外，大姑娘叼着个大烟袋，生了孩子吊起来。

这三大怪虽然是泛指东北地区而言，不是长白山地区特有的习俗，但是在长白山地区更有浓郁特色。

长白山地处柳条边外，是清初封禁的地区，因为人烟稀少、交通不便和经济文化闭塞，自然地形成了这种特有的生活习俗。就说窗户纸糊在外，那是因为长白山雪大，如果像关内那样将窗户纸糊在里，风雪吹过来，必然在窗棂上落满积雪，遮挡住室内的光线，而且春天雪化时，又会将窗户纸湿透，使水流进屋里来。因此，当地居民都把窗户纸糊在窗子外面，而且在纸上还要洒上些豆油；雪花飘落上面，因为窗户纸光滑而不会积挂。

至于大姑娘叼着个大烟袋，那是极而言之的话。一般来说，长白山区冬日严寒，人们很难到户外活动，一般只是在家里守着个炭火盆猫冬，特别是老人、妇女、小孩。因为无事可做，大多数人都对着炭火盆抽旱烟，又没有卷烟纸，只好使用烟袋。有些女人也抽，但多是上了岁数和已婚的女子，姑娘家抽烟是极少见的。

生了孩子吊起来，就是说山区的孩子多睡在摇篮里。长白山地区冬天寒冷，屋内取暖全靠将火炕烧得热热的，人躺在上面要烙得翻几个个儿后才能睡着。小孩子睡火炕必然因火大而易生病，故而使其安睡在摇篮里更为妥当。长白山地区的摇篮与别处稍有不同。这里的人称它为"摇车子"，也叫

"悠车子"。它的形状像一艘两头都圆的小船，外边油饰一些花草鲤鱼之类的图形，用四根绳子拴到房梁上。母亲可以一边干活，一边用手推着摇车子哄孩子睡觉。东北民歌"月儿明，风儿静，树叶遮窗棂"，就是这些妇女守在摇车子边哼唱出来的。

长白山地区的人家常常是自己动手，用树条儿编一个摇车子，其形如腰筐。编结方法也同腰筐，只是不插梁，长约1米，宽约60厘米，高约40厘米。这种筐编摇车子多用杏条，耐用，表皮光滑。摇车子悬挂的高矮要适度：一是母亲俯下身子，孩子可以躺在摇车里吃奶；二是母亲坐在炕上纳鞋底儿、做针线活腾不出手来时，用脚一蹬，可以使摇车子不停摆动；三是母亲如在房后园子里摘菜，将绳子一端系于摇车子上，另一端通过后窗扯到后院，一拉绳子，摇车子就摆动起来，母亲可以安心劳作。

（三）木家具

木屋人家打制家具都是挑选长白山里的好木材——红松、白松、刺儿楸、黄菠萝和榆木等，木质坚硬，有天然纹理，耐用而美观。这些家具都用厚木板、粗木方卯榫相连，不用钉子，主要有炕柜、大高桌和炕桌等。其中，最有代表性的是炕柜。

早期的炕柜多为木板素面，无雕无刻，呈现出木材的天然纹理。在柜面上一般有黄铜裸钉的折叶和铜穗拉手。这些铜件有蝶形、鱼形、桃形等变化。炕柜形制一直在变化和发展，在清代达到了最高水平。这一时期的炕柜不但在式样和数量上超越了前代，而且更加注重材质的名贵、工艺的精美和纹饰的古雅、细腻。出现了用紫檀、黄花梨等名贵木材制成的炕柜，不过这些炕柜的纹饰相对简单。后来，人们随着对炕柜装饰的重视，不但加入了描金等纹饰，还在雕刻的柜面上镶嵌瓷砖壁画或山水人物。炕柜分为上、下两部分，上部存放衣物，中间有两扇门或两边为门。下部为4个抽屉，盛放针、线、剪、锥等物件。抽屉下面有一挡板。炕柜上面也可以存放被褥和枕头。不同的地方对炕柜还有不同的称谓：在长白山地区称之为炕琴，因柜卧放炕上，形状如琴；在伊通一带称之为疙瘩柜；在吉林一带称之为描金柜，因柜上用金线描绘有吉祥图案。

山里人家的桌子也是重要家具，结婚时或由娘家陪送，或由婆家制作，都是不可缺少的。常见的一为大高桌，二为炕桌。大高桌是放在厨房里的家具，它既是桌，又是柜：桌是指用来吃饭，当年的习俗是长辈、男主人、小孩、客人坐在炕上用炕桌吃饭，而妇女、伙计则在厨房里围坐在大高桌四周用餐；柜是指桌面下有隔板，有拉门可向两侧抽开，里面存放碗、盘、碟、匙等餐具。

炕桌是放在炕上的桌子，是木屋人家炕上的重要部分。炕桌高约30厘米，长约80厘米，宽约60厘米，桌面四周有裙板，4条矮腿有横撑拉连，全为卯榫结构。炕桌饭前饭后都放在炕上，上面放茶具和烟笸箩。人们围桌而坐，吸烟、喝茶、谈天说地。炕桌主要用来吃饭。在漫长的冬季，人们坐在热炕上，围着炕桌，桌上有热菜、热饭、烫热的烧酒。还有一种"火盆桌"，桌面中间有一个直径约30厘米的圆洞，桌下设火盆，孔中镶一锅，这就是当年的火盆火锅。吃火锅是满族等北方民族独特的饮食习俗。[①]

五、庭院布局

院子以住房为中心，分为前院与后院。院子的边界用障子来区分，有栅门与外界相通。院子里是农家的天地，有丰富多样的陈设与摆饰。

（一）障子、栅门

障子是木屋人家的边墙，在住房、仓房周围。山里人家都有一个大院子，包括庭院和菜地（种菜、养人参、育木耳等），四周用紧密排列的木杆圈起来，以防人畜擅入。障子的门是院里和院外的通道，用木制成或用树条编成。栅门只起防止猪、鸡等进入菜地的作用，没有钉锔儿、锁头之类。

（二）索伦杆、灯笼杆

在满族人家，院子里有一样重要之物，那就是神杆，满族人称之为索伦杆。索伦杆，又叫索罗杆、索仑杆，为音译。前文已有详细介绍，此处不再赘述。

（三）苞米（玉米）挂储

长白山的木屋人家以玉米为主要粮食。长白山地区为高寒地区，气温低，无霜期短，所以水稻、小麦、高粱等作物均"上不来"，唯玉米适于山区气候条件，每亩地单产可达500多千克。每逢秋收时节，要将苞米窝（外皮）扒开，将两穗玉米的苞米窝系到一起，叫作苞米吊子。

（四）花卉栽培

长白山地区有近半年的冬雪，万物萧疏，银装素裹，大雪纷飞，而木屋

---

① 王纪：《长白山满族木屋保护研究》，载《北京林业大学学报（社会科学版）》，2011（3），21~29页。

里却春意盎然，家家的窗台上都摆满了各种各样的花盆，里面的瓜叶菊、七瓣莲、石竹、吊兰等都越季开放。在春节前，人们踏雪去山崖采来映山红枯枝，插入水瓶中，其竟能在春节时开花，满屋馨香，人们遂称之为"年喜花"。

（五）晾晒架

山里木屋人家的庭院内陈设有大小不等的支架，称为晾晒架，是用来晒晾农副产品的架子。这种架子均用木杆搭构，没有固定的样式，而是根据场地的实际大小来制作。其中一种较高的木架高约2米，用3根木杆支成三角形，下宽上窄，称为"马驮子"。两个木架间搭有细长杆或拉有粗麻绳，主要用来晾晒黄烟。

六、锦江木屋村

2009年，锦江村木屋村落以"长白山满族木屋建造技艺"入选《吉林省第二批省级非物质文化遗产名录》。

锦江木屋村地处长白山西北麓，位于白山市抚松县漫江镇西北约5公里锦江右岸的密林中，距此两公里外就是松花江的源头。此村原名孤顶子村，因锦江经此流过，故改名为锦江村。木屋村距离长白山西坡25公里，是由抚松到长白山南坡的必经之地。

木屋村至今已有300年历史。据抚松县志记载，清康熙十六年（1677），康熙帝曾命人踏查长白山，留守兵丁建房设营，静待康熙帝祭祖。因葛尔丹叛乱，北方沙俄进犯，康熙帝直至去世也未能前往。留下的兵丁便定居此地，以开荒种地、狩猎捕鱼、种植人参为生。

清光绪三十四年（1908），长白府帮办、奉天候补知县刘建封率队踏查长白山，委勘奉吉两省界线，兼查长白山松花、鸭绿、图们三江之源，调查中韩国界。这是人类第一次全面科学地踏查长白山，意义重大，影响深远。刘建封写下了《长白山江冈志略》《白山纪咏》等不朽篇章，这是记述长白山文化的重要文献。

《抚松县志》对漫江木屋的记述较为详尽。民国十九年（1930），由县长张元俊修、车焕文编纂的《抚松县志》铅印本中，对抚松县漫江镇有详细的记述："漫江镇，原名漫江营"，"距城一百五十里，土地肥沃，出产丰富"，"县属漫江及白山泊子一带尚有猎户散居其间四十余户，而漫江、紧江及头二道江、松花江并松香河之两岸住户亦多，以渔为生，而猎户以树皮木材苫盖房屋，高不过七八尺，可居一二人，俗名抢子，亦名蹚子、窝棚，有百年以上之户，俗称其人曰老东狗子，食物以鱼、兽肉为大宗，间食小米子，均由百里外背负而来，生计极称简单"。《抚松县志》与《长白山江冈志略》对漫江一带环境、居民户数、民居等的记述相符，变迁不大。《抚松县志》中所说的"以树皮木材苫盖""抢子""蹚子""窝棚"均为不同样式、不同用途的木屋，房上铺有"木瓦"或"树皮瓦"，可以看出长白山地区的满族木屋文化仍得以普遍沿用。

锦江木屋村房屋大小、间数不等，房屋的大小取决于人口数和木料长度。建造时，所用的松木杆要去皮晾晒几天，防止虫蛀霉烂，房梁和四柱所用松木一般都是通长的，墙壁从基础至平口要垒叠9或11层（奇数层）原木。有的人家会选用直径18厘米以上的松木杆搭建，这样建造的木屋结实耐用。两头的木橼要裸露在外，使得阳光能照到，防止松木腐朽。木杆排好固定后，再用黄土与乌拉草和成泥巴，均匀地涂抹在木墙的内外，以御风寒。

房顶所用木板瓦也是就地取材。人们将拾来的松木锯成木段，再劈成小木板，层叠在房顶。木屋主人每两年需要把阴面的木板瓦换到阳面，以防止木瓦被雨淋霉。木屋人家的烟囱则是山上倒掉的空心树，锯掉两头，只留下中间一段，连接火炕洞，立在屋外，做成烟囱。

据考证，锦江木屋村现存的部分木屋已有百年以上。因木房子不像砖瓦房易保存，很多祖居木屋久住后会破败朽腐，木屋村现存的房子都是在原来地基上翻盖或加固而来的，但原始的根基依然保存着，如果深挖老宅，或许还能看到当年做房子的松木杆。

2005年通化师范学院美术系教授、吉林省非物质文化遗产保护工作专家组专家王纯信撰写的《最后的木屋村落》，2014年吉林省民间文艺家协会主席曹保明撰写的《木屋村》，立体地记录了东北地区民族的生存形态，对木屋文化进行了全面深刻的解读，展示了长白山地域特色文化。锦江木屋村是迄今为止长白山地区发现的保护最完好的木屋村落，锦江木屋完全可与北京四合院、云南竹楼相媲美。

在2004年召开的第三次长白山文化研讨会上，锦江木屋被定为"长白山木文化的活化石"。锦江木屋村已经被列入省级重点文物保护单位。2012年3月4日，国际木文化研讨会在抚松举行，世界各地的专家、学者40余人参观了木屋村。2012年11月，大型纪录片《东北抗联》在木屋村摄制完成。2013年8月，锦江木屋村被国家住建部列入《中国传统村落名录》。2014年7月，被国家住建部、文化部、国家文物局、财政部列入第一批中央财政支持中国传统村落名单。2014年9月，被国家民委命名为中国少数民族特色村寨。2014年，国家新闻办作为国礼片拍摄的纪录片《中国非物质文化遗产——人参专题》在木屋村摄制完成。吉林省民委主任阿汝汗分别于2013年、2014年到村里指导少数民族村寨建设；吉林省文化厅副厅长金旭东2014年到木屋村实地考察房屋修缮工作；2013年全国旅游商会主席王平到木屋村指导传统村落的旅游发展工作；著名文化学家、吉林省非物质文化遗产保护工作专家组组长曹保明于2011—2014年多次考察认证，确定了木屋村为非遗保护基地；县委、县政府主要领导多次到村中走访调研，对木屋村的发展给予全力帮助。

由于木屋村房屋破旧、居住条件太差，不少人家已搬到新居，如今的木屋村只有十几户人家居住。这里交通不便，这座长白山深处的村落一度被人们遗忘，直到文化学者们来长白山考察，才让这座原始的村落呈现在人们面前。

近几年，为了迎接海内外观光游客的到来，村里陆续建起了几户农家乐和民俗旅游合作社。几年前，于大姐家建起了农家乐旅游接待点。夏季时，每天来访的客人能达到二三十人。原始的木屋让很多慕名而来的游客充满好奇，人们对这里的生活习俗产生了浓厚的兴趣。

锦江木屋村现已进入中国最美传统村落行列，并成为吉林省重点文物保护单位。木屋村又看到了希望，那些搬走的人家也陆续返回，并以接待游客为营生。近几年，不少人家富裕起来。更让人高兴的是，当地年轻村民也掌握了木屋的建造方法，木屋建造技艺有了传承人。

锦江木屋村是长白山地区乃至东北地区仅存的一处传承性木屋地，是长白山地区先民创造并为人类留下的珍贵文化遗产，是典型的长白山山林民居的标志性建筑，它浓缩了山林民族生活的历史，反映了普通民众的生产活动、生活面貌、风土民情和民族演化发展，对于研究我国北方山林民族的历史和地域文化具有极其重要的价值。搞好木屋村的保护、利用，既是对长白山历史文化遗产的展现，也是对长白山历史文化的传承和发展。应在做好木屋村文化遗产真实性和完整性保护的前提下，坚持依法和科学利用，使长白山地区这一古老的文化遗产，在当代人手中发挥应有的作用。锦江木屋村作为长白山区旅游资源，有着巨大的利用价值和无限的开发潜力。

第三节　松原前郭尔罗斯传统民居

　　在前郭尔罗斯特定的自然环境和社会文化背景下，形成了鲜明的传统民居建筑及其文化，具有独特的建筑风格和民族民间特色。前郭尔罗斯传统民居作为东北民居的重要组成部分，成为我国北方传统民间建筑的代表作之一，其建造技术也成为珍贵的非物质文化遗产。

　　古人类学家把生活在查干湖畔的古人命名为"青山头人""查干淖尔人"。他们将草、木、土、石混筑成简易的穴居巢舍，这被视为该区域古代民居的渊源之作。

　　辽金时期的前郭尔罗斯传统民居发展较快，并集中在各个村落和城池。吉林省文物工作者多次在塔虎城遗址中挖掘出土了大量的传统民居遗迹和遗物，成为研究前郭尔罗斯传统民居的重要历史依据。

　　随着工农业生产的发展，民居建筑及其建造技艺不断进步，实现了由穴居到半穴居、由地窨子到马架房的变化，形状也由圆形尖顶的土房逐步演变成长方形平顶房舍，前郭尔罗斯的蒙古族民众也从游牧生活的毡包发展到农耕定居的泥土房，与各族人们一同传承和发展了传统民间建筑技艺及其文化。

　　在前郭尔罗斯传统民居中，房屋基本结构包括泥土砌成的墙、火炕、锅灶、烟囱、门、窗等。庭院内还有仓房、厢房、畜禽圈舍、厕所、柴垛、菜园、水井等附属建筑。其建造类型主要是土木结构，通常"以土制坯、以木构架"建造房屋主体，兼有芦苇或秸秆编制内棚、石块或方砖铺地、窗镶玻璃或纸粘等。前郭尔罗斯传统民居建造技艺在千百年的世代传承中，具有了珍贵的历史文化价值和使用价值。

一、旗王住宅

　　旗王是过去前郭尔罗斯前旗的最高统治者。旗王住宅选址在松花江下游西岸风景优美处。王府屯地处松花江中流的西边，东部、北部为松花江环绕，西部有高山屏障，东北部接近扶余和农安大平原，地势开阔。

　　王府房屋千余间，使用的砖瓦等建筑材料大部分是从外地运来的。王府的规划和布置均采取北京府邸建筑制度，庭院错落，屋宇相连。但如今，大部分房屋已被拆毁，只余下几处宅邸。

旗王住宅总体采用汉族房屋的式样，根据当地风俗，沿用农村地主大院的传统布局方式；在房屋构造上，则吸收北京王府等四合院建筑形式。院内以五间正房、六间厢房、三间门房组成，并以垂花门和腰墙分割成前院与后院。前院很小，后院为住宅中心，四周作走廊和房屋前廊相接，包围成完整的方形院心。

住宅四周砌筑高墙，死角建筑炮台，从外观上看，和地主大院无甚区别。[①]

二、马架房

马架房是我国东北地区一种特有的民居建筑形式。在东北地区，从辽宁到黑龙江都有很多村落，名字就叫"马架子"。

居民搭建的马架房，介乎窝棚和正房之间，也能长期居住。它和土墙茅草房一样，都是土坯砌墙，草苫顶，也有门窗。马架房的形状像一匹趴着的马。它只有南面一面山墙，窗户和门都开在南山墙上，这是昂着的马头，屋脊举架低矮，"马屁股"上奄拉着厚厚的茅草。这些盖在屋顶的茅草，用的也是东北地区出产的"单草"。或是由几根木头简单搭建。从正面看，呈三角形；从侧面看，呈长方形。上面苫草，门开在三角形一面。由于简单易建、冬暖夏凉，马架房是过去东北地区常见的一种民居建筑。

马架房结构从两间到三间不等，以家庭人口多少为标准：人口少做成两间，人口多则做成三间。两间房屋门开设在东端。东屋是进出的地方，又兼具厨房功能。西屋为卧室，两面设炕，即北炕和西炕，蒙古人称之为"拐把子炕"。西墙设置西窗，西窗上部的墙壁上为供奉祖宗或佛坛的地方，西向为上，取"西天大佛"之意，这可能是受到满族"上屋"观念的影响。较大的人家设三面炕，较小的人家只用拐把子炕。三间房的西屋布置相同，东屋同样设置南北炕，炕上有茶桌、衣柜等，安置于两旁。

房屋外观简单朴素，除去小面积门窗外，其余皆用泥壁，房屋形状低矮，泥土抹面。

马架房的构造极为简单，使用木材较细小，木柱之上架设小梁，上置檩

---

① 张驭寰：《吉林民居》，177页，天津，天津大学出版社，2009。

木，一般从七条檩至十七条檩不等。檩上铺很厚的高粱秆，再抹泥，最后抹上一层碱土。与碱土平房做法较为接近。马架房不做基础，四面皆以土坯墙围绕，当阴雨连绵之际，墙壁会因潮湿而脱落，因此，房屋的寿命不会长久。

这种马架房平面近似方形，上部可用椭圆形顶，好似蒙古包的化身，居民住在其间，仍可觉得在包内居住，保持原有的民族习惯。[1]

第四节　松嫩平原传统民居

松嫩平原传统民居指的是以碱土为主要材料建筑的房屋。松嫩平原，除了极少数可以耕种的土地外，绝大部分为碱土地，俗称"碱巴拉"，这种碱地不能生长植物。碱土呈青黄色，比较细腻，没有黏性；与其他土壤（如黄土、沙土）相比，碱土本身容易沥水，经水侵蚀后，其表面会越来越光滑，因此，是一种非常适合做屋面或墙面的材料。清代"闯关东"遗民因地制宜，利用当地碱土修筑房屋，形成了具有独特地域风格的民居。在碱土区域建造房屋，无论是墙面还是屋顶，都用碱土饰面，这种建筑被称为碱土民居。碱土房屋的适用范围非常广，包括吉林西北部，辽西地区，黑龙江肇东、龙江一带。

图8-5　碱土民居

---

① 张驭寰：《吉林民居》，179页，天津，天津大学出版社，2009。

一、建造技艺

(一) 墙体

根据东北地区气候条件，东北民居一般是春季开始施工，碱土房的建造也是如此。在夏季农闲之后开始建筑墙体。墙体使用的材料一般为碱土和黄土的混合物，只不过不同地区比例有所不同。有的地区由于受到地质条件限制，全部使用碱土作为墙体材料。碱土内含沙子和粗沙砾较多，所以不如使用黄土坚固。

叉垛墙是使用最广泛的碱土墙砌筑方式。所需材料就是当地随处可见的碱土。在碱土中，沙子和黏土的含量要达到一定的配比。如果当地土质不符合建造要求，可向土中添加黏土或粗沙。黏土是墙体中最主要的黏合剂，但如果黏土的含量太高，则墙体容易开裂。沙子的硬度较为稳定，添加沙砾可以使黏土干燥收缩时，增加墙垛的抗压缩性和抗拉性。除此之外，一般都要加入当地的羊草，以增加墙体的抗拉性，同时能增加墙体的保温性能，而且羊草能通过毛细作用，把墙体中的水分散发出去。叉垛墙建造时，可以分为两类：一类是用手工控制墙的形态；另一类是使用模板，在模板内垛泥。施工时，将碱土、黏土、沙石、羊草混合搅拌均匀，然后将潮湿的泥块一层层地垛到所需要的高度，再用铲子平整墙面，待其自然干燥。在这个过程中，要把泥土压实。最后用草泥抹面，具有修饰和补强的双重作用。

土打墙的另外一种形式就是用夯土工具打土，使土质密实牢固，从而使得墙体坚实。传统夯筑使用的材料是碱土、沙石与羊草的混合物，应尽量避免使用含有机物、泥炭等腐蚀质的土料。一般就地取土，生土挖出后，并不直接夯筑，而是敲碎研细，放置一段时间，使其发酵，这样和易性更好，以保证夯土墙的质量。吉林地区人们在每年春季农闲期间叉好房架，夏天开始打墙，秋天墙体可以干透，开始建屋顶。

土坯墙也是碱土房屋墙体的一种形式。必须使用模具将碱土制成一定形状的块体。但由于制坯成本太高，并且土坯墙因有空隙，冬季易透风，所以这种方式使用较少。

(二) 屋顶

根据东北气候特点——夏季雨水较少、冬季漫长寒冷，碱土房的屋顶分为两种形式。

一是平顶。平顶一般分为两种类型：一种是砸灰平顶；另一种是碱土平顶。取土的时间应选在每年春季解冻后。

二是草顶。草顶是结合当地实际情况的一种建筑形式。[①]

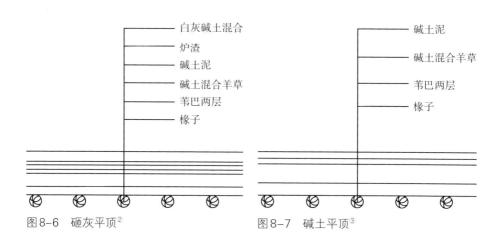

图8-6　砸灰平顶[②]　　　　　　　　　图8-7　碱土平顶[③]

（三）木架构

根据黄远、朴玉顺的研究，碱土房的木架构构造主要分为四种形式：二柱五檩式、二柱七檩式、二柱九檩式、改良式囤顶木构架[④]。

二、碱土民居现状

在广袤的松嫩平原上，碱土房屋是当地居民的主要居住载体。它不仅是当地居住文化的特殊符号，更具有传承当地特定区域文化的特殊作用。既可以体现当地文化风貌，也可以向外部展示自己的独特文化。碱土房屋有着自身独特的风韵。

（一）就地取材，符合当地环境特点

吉林西部地区经济落后、发展滞后、生活水平较低，人们就地取材，取随地可见的碱土建筑房屋，大大节省了建筑成本。

（二）冬暖夏凉，符合东北气候特点

碱土的特点是颗粒细腻，不吸收水分而且强度较大，保温隔热性能极

①②③④　黄远、朴玉顺：《吉林碱土民居营造技术分析》，载《沈阳建筑大学学报（社会科学版）》，2013（2），131～135页。

好。同时，碱土本身容易沥水，受雨水侵蚀后，会更加光滑而坚固，可以有效防水。相对于砖瓦结构的房屋，在保暖方面更具优势。

（三）维护较难，使用寿命不长

新建碱土房七八年就会出现不同程度的泛碱现象，房屋内外墙皮出现裂缝、脱落，因此需要采取整体抹面加固措施。碱土中含有硝、碱、盐，经风雨侵蚀后，外墙会泛碱、脱皮，所以每年都需要在外墙皮脱落处抹泥，比较费时费力，需要家中有壮劳力或者找人修缮。

（四）极易受损，外观不够美观

碱土房居住一段时间后，墙体会出现泛碱现象。泛碱使墙皮脱落，再加上雨水的冲刷，易使外墙呈现破损的样子。

碱土是一种生态、环保的建筑材料，它符合建筑节能标准。碱土民居可以说是一种原汁原味的建筑表现形式，它不但延续了地方的历史文脉，而且适应了经济相对落后地区的需求。碱土民居是一种古老的民居形式，直到现在，还保留了许多原始、朴素、自然的因素。

第五节　延吉朝鲜族民居

生活在东北的朝鲜族是一个勤劳智慧的民族，它不但有着色彩亮丽、形式特异的民族服饰，而且有着极具特点的饮食、祭祀、丧葬等民族风俗。特别是朝鲜族民居建筑，更表现出鲜明的朝鲜族民族风俗文化。

今天，在延边朝鲜族自治州的田野乡间，仍然可以看到许多黑瓦白墙的朝鲜族传统民居。你看那晨曦中，袅袅炊烟笼罩下的小村落，一个个院落、一幢幢小房，黑瓦和白墙相映，其中劳作着朝鲜族男女，一幅韵味十足的民族风情画。1700多年前的《三国志》里记载了早期生活在东北的朝鲜族人的居住方式："居处作草居土室，形如冢，其户在上，举家共在中，无长幼男女别。"1000多年前，朝鲜族已经形成了自己特有的建筑形式，并且根据屋顶形状、所用建筑材料、屋内结构，划分出不同的类型。

19世纪中叶起，朝鲜半岛大批移民迁入我国东北地区定居，和当地居民世代友好相处，已成为我国多民族大家庭的一员，主要聚居在吉林省东部的延边朝鲜族自治州和东南端的长白朝鲜族自治县，以及黑龙江和辽宁两省东南部。朝鲜族与满族同为我国东北地区的传统民族。东北地区的古代民族为了在冰雪自然环境中生存，"常为穴居，以深为贵"。用九节梯子下到洞穴中，在其中生一堆火，周围铺着树枝、柴草或皮张，用"豕膏涂身，厚数分，以御风寒"。还有的"筑城穴居"，或"冬则入山，居土穴中"。

谈到冰雪建筑文化时，就不能不谈到炕。在我国，有"南人习床、北人尚炕"的习俗。炕是北方人的"暖床"。在隋、唐之际，生活在东北地区的高句丽人，受"床""炉灶"的启发，将二者合二为一，又经过改造加工而发明了炕，并将其传至东北各民族中，后又传至黄河到秦岭以北。无论什么类型的朝鲜族传统民居，只要走进房屋，就会发现有很大的一个炕。炕是朝鲜族人在室内的主要活动空间，有的炕上亲友们在围桌对饮，有的炕上妇女们在做活计，还有的炕上孩子们在玩耍。炕大，散热面积就大，到了冬天，屋里就会显得特别暖和。延边地区朝鲜族房屋内的灶坑更是别具一格，它下陷在地下，底部低于地面，上部还有盖板，而盖板和锅台、炕面形成一个平面。据说，这种灶坑既好烧又卫生。

自古以来，朝鲜族人民喜欢选择背风朝阳、依山傍水、环境幽雅的地方建房。房屋呈大屋顶形状，外观是中间平、两头翘立，中间平如行舟，两头翘立如飞鹤。组成大屋顶所有的线条和面均为缓慢的曲线与曲面，屋脊等主要轮廓线均涂为粗白线。稳重、质朴的曲线、曲面和椽子以外的大白轮廓线条，正是朝鲜族大屋顶与汉族、日本大屋顶的区别。屋顶从形式上看，有悬山式、庑殿式、歇山式、平顶式；从建筑材料来看，有用泥和草盖的草房，有用木头建的木楞子房，又有砖木结构的瓦房等。可是不论什么形式的房子，都以白灰刷墙——朝鲜族人最喜欢白色，而且瓦房的瓦片都特别大。

盖房子是朝鲜族人生活中的一件大事。从前得请阴阳先生选房基，还得祭"宅神"，宴亲朋，特别隆重；而在建房过程中，上房梁时，还要写上梁文。

朝鲜族民居外观都很美，常见有瓦房形式。多面向南或东南、西南，有院落。屋顶坡度缓和，中间平行如舟，两头翘立如飞鹤。组成屋顶所有的线和面均为缓和的曲线和曲面。屋顶多由四个斜面构成，主室上盖为大"人"字形，两翼斜坡较小，用谷草或灰瓦片覆盖。每套房屋正面开一扇或四扇门，同时开窗。后面一般也设门和窗。内分为寝室、厨房等。屋身平矮，没有高起陡峻的感觉，特别是门窗比例窄长，使得平矮的屋身又有高起之势，而整座建筑又稳稳地坐落于低矮平实的石台基上。

一、构造特色

朝鲜族民居以单体建筑为主，没有形成合院，也无围墙，散落在村镇中，布置自由灵活。房屋朝向比较随意，大部分沿道路建筑。房屋开前后门。在房屋前后留出一定范围的空地供使用，两端山墙极少有空余。由于气候寒冷的缘故，居民生活不以庭院为中心，而是以室内为主。

从形状上看，朝鲜族民居为横向的长方形，多数四开间，极个别存在拐角房。主要的房间是起居间，作为日常生活场所，可作为长辈、客人的卧室。房内摆设炕桌、衣柜，面积较大。在起居间的右边布置居室，作为子女卧室，并带有储藏功能。左边为厨房，厨房中有两口铁锅，埋在地下，灶台与地坪同高，烧火坑较室内地坪低1米，极具特色。厨房与起居间设有拉门，空间混为一体。起居间外设有木板地面，为居住者脱鞋处。

朝鲜族文化受汉族影响较深，房屋建筑与汉族多有相似之处，但为适应民族生活习惯的要求，也有其自身的特点。朝鲜族民居多为山顶式的青瓦白墙建筑，除城镇住宅有简单的院墙外，农村通常不建院墙，而和左邻右舍之间保持一定的距离。住房的平面多数为矩形，也有L形的，有的设外廊。内部布局，主房间为居室，牛棚和储存柴草杂物的"草房"在房屋的一端，以灶间与居室隔开。居室多少、大小可视需要，由推拉门分隔，比较灵活方便。居室内靠墙设推拉门壁橱，供存放衣物、被褥之用，使室内显得宽敞雅致。家人和来客进门就上炕，鞋要脱在门口，以保持室内清洁。

朝鲜族住房的构造主要是木构架承重。地基为用土垫起30厘米高的台基，周边再砌上石块。外墙也是先立起木框架，两面编织草绳或柳条，外抹泥浆，白灰罩面，中间充填沙土；也有不填沙土，做成空心墙的。内隔墙多用双面抹灰的板条墙。门窗为推拉式，门窗口的尺寸相同，往往是门窗不分，都可做出入口。窗棂竖向排列密、横格间隔远，再加门窗口狭长，使得本来低矮的房身给人以挺拔秀丽之感。屋顶多做成四坡式，比较普遍的做法是，在椽子上铺稻草帘或柳树枝条，上面抹泥，再覆盖30~50厘米厚的稻草，最后用草绳编成网格，将整个屋顶包住，或用草帘逐层相搭接，将屋顶盖满，以防起风时将稻草吹散。在城镇中，住宅多用青灰色陶瓦屋顶。瓦顶坡面略有曲线，檐头四角和屋脊两端向上翘起，瓦当和脊头加简单花饰，形成活泼明快的风格。朝鲜族民居的屋内结构主要有单排和双排两种。单排式结构的房间排列如同"月"字，房间之间只有横向间隔而无纵向间壁。双排结构的又叫作双筒子，房间排列如同"用"字，房间之间既有横向间壁又有纵向间壁。无论是单排还是双排结构，都会分割出许多房间。原因在于朝鲜族在历史上深受"男女有别"等观念的影响，孩子们长大了，男女都各有单独的房间。

在乡下常见的一般有草房和瓦房两种形式。传统的瓦饰有绳纹、网纹和吉祥文字。为圆形或半圆形的莲花纹瓦垄。整齐黑色的瓦垄、耸立的屋脊、雪白的墙壁，给人一种清新、舒适、整洁的美感。多面向南或东南、西南，有院落。

唐代住宅朴素自然，在质朴平淡中，蕴含着丰富隽永的诗情。真正的唐代民居现在已经看不到了，但吉林延边的朝鲜族民居却保持了浓厚的唐代风格。在这里，可以领略到唐代以前我国人民盘膝而坐的生活方式。朝鲜族民居的各室用拉门相隔，前后门和拉门较多，出入很方便。

朝鲜族民居的前面一般都有偏廊。廊板的起源可远溯到我国古代建筑，在建造宫殿时，常常采用短桩台基，用成组的小短柱作为台基与基础，这样既可以通风，又可以防潮。朝鲜族民居在房前设置廊子的原因是，室内全部为火坑，进门时必定要有脱鞋的地方，在廊内还可以乘凉、休息、放置杂物。

廊内为双扇拉门，窗棂极密，而且朝鲜族民居的门窗不分，门当作窗子用，窗子也可作为门通行。门窗多为直棂，横棂较少，在内部糊白纸。在东北寒冷地区，一般住宅做以厚砖墙、土坯墙，以防寒冷。而朝鲜族民居则用薄墙、大面积火坑的做法来御寒，这是很有特色的。到了夏季，就显示出它的适用性。朝鲜族民居不设厢房，为独栋单体房，绝大多数没有院落和围墙，人与人之间的关系亲善和睦，视为一家。传统建筑中的门窗，不论是门还是窗户，都带有纵横交错的细木格子，并上窗纸。窗格子的形状十分讲究，花格种类多，长短结合，方圆照应，疏密相间，力求整齐、大方、鲜艳，为东北亚地区所罕见。

二、室内装饰

朝鲜族民居室内装饰形式主要表现在塑形装饰、图案装饰、色彩装饰和陈设装饰四种形式上。塑形装饰是在民居基本造型基础上，进一步刻画而形成的，一般只是在显眼的矮柜矮桌上：矮桌只有在桌腿处有简单的沟槽图案，矮柜上则有雕刻的花草、山水、动物形象等。图案装饰几乎全是自然界的花、树枝、山石等，并都装饰在器具上。另外，草编饰物也别具一格，简朴的编织手法渗透于每一角落。

在色彩装饰上，没有大面积地使用鲜艳的色彩，而多以材料原色或清淡的色调为主，器具上的装饰花纹也多为黑白色，只有在矮柜上有时可看到亮丽的金属色。

在陈设上，朝鲜族特有的生活方式——席地而坐，使其家具多为矮柜、矮椅。矮柜多为矩形体，给人一种未经雕琢的感觉，器具的摆放更为简单而质朴。

朝鲜族民居古朴的装饰风格，使人找不到一丝刻意装饰的痕迹。从大门、地面、墙面、天花板到窗口、屋檐等，都有精细的构思及雕琢。以窗为例，朝鲜族窗多直棂，横格间远，在内糊白纸，窗棂的疏密是其变化的主要方面。这一形式使房屋整体感特别突出。

从以上可以看出，朝鲜族民居建造尊重自然、顺应自然、因地制宜，内含朴素的创作观。而在现代建筑中，钢筋混凝土结构的运用，使人们的居住空间由横向走向纵向，土木结构已不存在，生硬的墙体要靠装饰遮掩，现代居室设计不应只是简单的照搬，它要求深入理解各民族建筑的内涵，将其与现代设计理念相融合，取其精华，以此来丰富现代设计。现代居室设计的特点是创造一种人为的个性气氛，即以材料、色彩、光和各种陈设为手段，在有限的空间里，实现功能、气氛、格调、美感的高度统一，创造出适应人们生理和心理要求的良好环境。朝鲜族现代居室设计吸收了这一特性，它将门厅、客厅、餐厅融为一体，各屋仍是拉门相连，有贯通连续的感觉，只是厨房的分隔少了牛棚、草房，居住环境有了极大的改观，并仍沿用了灵活的分隔方式，还具备了现代功能，不但民族气味极浓，而且把人带入了休闲娱乐的环境，在不知不觉中走入了现代文明。

朝鲜族建筑的装饰特征对现代装修有极大的借鉴意义，主要体现在三个方面：一是直接运用传统民居装饰；二是提取民居中符号加以改造；三是借鉴并运用传统民居装饰原理。

首先，在特定的条件和环境下，采用一些仿传统民居居住形式，使这些形式从外观到功能、从材料到色彩，全部采用传统手法。这些借鉴，传统韵味很浓，适合于特色旅游。

其次，提取符号，在传统的民居装饰基础上加以改进和提炼，如门的装饰符号，一架、一坛、一箱的符号，都可用来装饰。将经过提炼的装饰符号，用现代的建筑语言来表现，赋予其新的生机。窗、拉门、矮桌、矮柜也可采用现代材料和加工工艺，按照传统的图案加工。这些无不体现传统美和现代美的融合。

最后，在进行装饰设计时，不能单独看装饰，还应考虑其同建筑造型、空间布局、家具摆设的配合，要将家具图案、窗装饰物的图案统一到一个主题中。

三、美学价值

朝鲜民族有尚白的审美观念，这在日常生活、衣着服饰上多有表现，朝鲜族因此被称为"白衣民族"，其民居建筑也以白色为美。朝鲜族民居根据建筑材料，主要分为土坯盖成的传统茅草房和砖木结构的瓦房。无论哪种形式，都以白色敷墙，一般是朝向南面和东面的墙体刷白。因此，在朝、汉杂居的村落，很容易辨认出朝鲜族民居。草房的苫顶覆以黄色稻草，加之门窗的原木之色，黄白交错，给人温馨、亮洁的美感；瓦房则以青（黑）瓦或青灰色陶瓦为顶，形成整体建筑的上下黑白对比，同江南水乡的黑瓦白墙映碧水有异曲同工之妙。

朝鲜族民居建筑的色彩美还体现在四季变迁中。朝鲜族民居设计简洁，一般不设厢房，多数为独栋单体房，院前、院后均有空地。与汉族民居不同，朝鲜族住宅不设院墙，只以简单的柳条、木板来限定院落，这样就形成了以房屋为院落中心，与左右邻舍房屋保持一定距离、相对独立的民居形式。朝鲜族房屋前的院子与种植蔬菜、水果的园子合一，没有划分界限，且围院栅栏较为低矮，内景与外景相通，这样的院落在春、夏两季可谓绿意环抱、白墙掩映，充满自然和谐之趣；秋日时节，嗜辣的朝鲜族人民会在屋舍外墙壁上挂满串串红辣椒，"白衣民族"劳作其间，乡村生活情调跃然而生；寒冬之际，朝鲜族民居的房屋墙体与雪色相映，在百草枯衰中更显恬淡、怡然之意。

朝鲜族民居建筑的平面构图多为矩形，各房之间无厚重墙体相分，而是通过木制推拉门可通可隔，传统民居厨房与居室一体，之间没有任何隔断。其内部居室靠墙壁设置推拉门壁橱，存放衣物、被褥等生活物品。进入室内，墙体洁白、宽敞明亮、一目了然，炊具色彩鲜艳、摆放整齐、令人愉悦。朝鲜族人民喜欢以鲜艳的色彩及"十长生"的图腾景物装饰居室。"十长生"指的是海、山、水、石、云、松、不老草、龟、鹤、鹿等长生之物，这些景物常以屏风画幅、镜绘画、彩笔画等形式出现，着以暖色艳彩，令居室生辉。近年来，随着朝鲜族人民生活水平的提高，建筑材料与居室设计也不断更新进步，但朝鲜族传统的民居色彩观念依然表现得十分突出，即整体以白色为主，局部以鲜艳色彩为装饰，如白色外墙体瓷砖、单彩色屋顶等，无不体现了独特的民族审美心理。

作为地处祖国东北地区的少数民族，朝鲜族民居建筑在整体刚劲、苍凉的北方文化形态中，呈现出一种别致秀逸、有别于其他北方民族的柔丽风格，其原因即在于独特的民族文化传统。朝鲜族民居建筑的线条美则是其美学价值得以彰显的重要美学因素。朝鲜族民居建筑的线条美首先表现在屋顶轮廓的曲线美上。无论是传统草房还是现代瓦房，朝鲜族民居建筑都以柔和的曲线线条勾勒出房屋上部外观：传统的朝鲜族民居屋顶普遍做成四坡水的形式，一般由四个斜面构成，屋顶坡度缓和，两翼斜坡较小，以谷草、稻草层层覆盖，苫草很厚，因此，自然形成缓缓的曲线和缓慢的曲面；瓦房多为歇山式建筑样式，屋顶线条中间平行如舟，屋脊两端和檐头四角饰有纹样，并向上翘起，姿态凌空，欲飞如鹤，轻盈峭拔，而且覆盖屋顶的瓦片极大，为弯成弧状的长方形，这样，瓦片的纵横排列与其曲面间形成直曲错落、活泼典雅的美感。朝鲜族民居建筑屋脊线条的曲妍凌空之美源于朝鲜民族对于仙鸟的图腾崇拜观念。朝鲜族先民认为仙鸟祥瑞通灵，将其奉为神物，并将其振翅腾空的英姿融入民居建筑的形式美感中。

图8-8　朝鲜族民居建筑（一）

朝鲜族民居建筑的线条美还表现在门窗的直线美上。朝鲜族民居的门窗样式极具民族特色，不论是门还是窗，都有纵横交错的细木格棂，竖向排列密、横向间隔远，即直线多、横线少，疏密相间，整齐细腻，别具一格。同时，门窗窄长，在一定程度上弥补了屋身低矮的不足，给人以挺拔秀丽之感。房屋的外部墙面由上、下横梁和立柱、门窗框这些外露构件划分成多个区域。这些大小不一的组合、长短直线的错落，使墙面产生一种和谐的韵律美和变幻的空间美。最后，从朝鲜族民居的整体外观来看，其以屋顶柔和的曲线和墙面、门窗错落、粗细不等的直线给人灵动、变化的视觉美，体现了明快、典雅的朝鲜民族文化观念。

朝鲜族民居建筑具有强烈的视觉造型美。

首先，在屋顶造型上，无论是饱满、浑厚、柔和的草房屋顶，还是俏丽、典雅、繁复的瓦房屋顶，都因其特点突出、造型别致而极具视觉魅力。

其次，通过屋顶、屋身与廊的和谐组合，形成错落有致的建筑层次感与空间感，具有立面造型美。朝鲜族民居建筑主要以木构架承重，不挖地基，而以积土垫起30厘米的台基，周边再砌以础石，整个建筑稳稳地坐落于平实的石台基之上，使原本平矮的屋身顿有高起之势。房前设廊，可在廊内脱鞋、乘凉、休息、放置杂物。根据屋顶形态不同，朝鲜族民居可分为悬山式、庑殿式和歇山式结构，无论哪种形式，其屋顶尺度都极大，约占整幢房屋高度的二分之一，且出檐很长，檐下会产生纵深的阴影。这样，屋檐的伸出、廊子的凹进、台基的稳定布局使得整幢建筑呈现出丰富多姿的层次美和鲜明的立体美。加之，朝鲜族房屋的烟囱为独立式，与房屋外墙约

图8-9　朝鲜族民居建筑（二）

图8-10　朝鲜族民居
建筑（三）

有70厘米的距离，高5米左右；在远处观之，相对低矮的屋身与高耸的烟囱形成纵、横的鲜明对比，增添了建筑造型的灵动美。

最后，与汉族民居建筑以庭院为中心，围绕纵横轴线前后、左右相对称、照应，突出礼制思想的布局相比，朝鲜族民居更注重舒适、方便、美，显得自然亲和。朝鲜族人民以房屋内部空间为生活中心，房间多，门窗多，常常门窗不分，隔扇落地，为整幢建筑平添了几分妩媚巧致。

追溯起来，在朝鲜族民居建筑中，可通风、防潮的木桩廊板，如草帽般的大屋檐，俯低的屋身，细密交织的门窗格棂皆有唐代遗风。从历史上看，朝鲜族民居建筑曾经深受中国古代建筑，尤其是唐代民居建筑的影响，同时体现了朝鲜族的平民文化观念，可谓自然质朴中蕴含着丰富隽永的情调。[①]

第六节　鄂伦春族斜仁柱

在1953年以前，黑龙江省的鄂伦春族一直过着游猎生活，他们通常要根据季节的变化、野兽的多少、森林的疏密和牧场的好坏而四处迁移。"一人一马一杆枪，终年游猎在山岗"正是鄂伦春族传统游猎生产方式和生活方式

---

① 金禹彤：《鲜族民居建筑的美学阐释》，载《世纪桥》，2008（12），146～148页。

的形象写照。迁徙无常、居无定所是鄂伦春人在长期的狩猎生涯中形成的一个非常显著的特点。为了适应游猎生产的独特需要，鄂伦春人的住房均具有取材方便、建造迅速、设备简单和易于搬迁等特点。当然，最具代表性的当属斜仁柱。即使搭盖大型的斜仁柱，也只要两三个人就可以完成全部的建造工作，而且建造时间只需1小时左右。

一、构造特征

鄂伦春族搭建的斜仁柱是世代过着游猎生活的人创造的一种便于拆搭迁移的住所。这种原始的斜仁柱是游猎民族典型的建筑。在鄂伦春语中，"斜仁"是指树杆、木杆等，"柱"为"房屋"一词的音译。由此可以看出，斜仁柱是一种木结构的房屋建筑形式。由于斜仁柱具有上尖下圆的特点，因此人们又把它称作"楚伦安嘎"。"楚伦"意为"尖"，"安嘎"意为"房子"。斜仁柱的建筑主体大致可以分为三个组成部分：用木杆搭成的圆锥形房架、覆盖在房屋上的各种遮盖物和悬挂在出入口的门帘子。因此，建造斜仁柱也通常分三个步骤：搭盖房架、苫盖覆盖物和搭门。

首先是搭房架。先支起两根"阿权"（主杆），然后把6根"托拉根"（带权的树杆）搭在主杆上，在其顶端套上"乌鲁包藤"（柳条圈），在柳条圈的周边再搭上三四十根桦木杆或柳木杆，这样，斜仁柱的骨架就算搭好了。斜仁柱的门口用两根结实的支柱当门框。鄂伦春语称"土如"，门朝南。斜仁柱的大小、宽窄根据不同的季节而定。冬季因为寒冷，会比夏季建得大一些。斜仁柱的门一般选在东南方向，高度约为1.5米，宽约1.2米。内侧悬挂一张狍子皮作为门帘，用来遮风挡雨，并防止蚊虫入室。在室中央支起吊锅，既可以生火做饭和取暖，也可以驱除蚊虫。为了排烟需要，在苫盖斜仁柱时，要在顶端留出空隙。为防止雨水浇灭篝火，在空隙下做一个桦树皮水槽，使雨水流出室外。

其次是在骨架四周苫盖挡风遮雨用的覆盖物。在古代，鄂伦春人用于苫盖斜仁柱的覆盖物主要有"额勒敦"（狍皮围子）、"铁克沙"（桦树皮围子）、"塔鲁"（桦树皮）、芦苇围子4种。

第一类是皮制的"额勒敦"（狍子皮）。鄂伦春族妇女将五六十张"红杠子"（指夏季猎取的狍子皮，是栗红色的）狍子皮经过精心熟制，再缝制成两大块扇形围子，一块小的做门帘，上面绣有（或贴上）美丽的图案。此种围子一般毛朝外、皮子朝里，覆盖在斜仁柱上。皮制"额勒敦"是专为冬季准备的，能够起到防风、防雪、保暖的作用。一般还会在"额勒敦"顶端缝上一块皮子，像一顶帽子扣在斜仁柱顶上。白天把皮子掀开，让光线进入斜仁柱内；晚上将皮子扣上，隔绝外面的冷空气，起到保暖作用。斜仁柱的门帘上下缝三道皮条，在每一道皮条上系一小横棍，以便于开关门，还能起到防护作用。

第二类是"铁克沙"。它是用桦树皮加工而成的。鄂伦春人会在农历五六月份剥桦树皮，剥完后，去掉树皮外层的薄皮和里层的硬皮，放在水中浸泡两三天，再放在水锅里煮软，晾干后，缝起来，即成"铁克沙"，否则就会变形或者损坏。苫盖一座斜仁柱，需要12块"铁克沙"。由于斜仁柱为圆锥形建筑，因此"铁克沙"均缝成扇形。覆盖斜仁柱底部的"铁克沙"最大，越往上，"铁克沙"越小。用桦树皮当覆盖物，防雨、防风性能好。这样，斜仁柱棚壁就不怕风吹雨淋，经久耐用。

第三类是"塔鲁"。"塔鲁"就是未经蒸煮缝制的桦树皮。

第四类是芦苇围子。鄂伦春语称作"抠克塞"。用草苫盖透风透气性好，室内凉爽宜人，光线也好，所以它是夏季理想的覆盖物。

由于季节不同，覆盖斜仁柱的覆盖物也有所不同。在冬季，鄂伦春人为了抵御严寒，多用狍皮围子和芦苇围子来覆盖斜仁柱，通常是斜仁柱的下半部围狍皮围子，上半部围芦苇围子。在夏季，人们用桦树皮制品来覆盖斜仁柱，通常是斜仁柱的下部围"铁克沙"，上部围"塔鲁"。布匹传入以后，人们开始用布围子覆盖斜仁柱。但是，斜仁柱的顶端无论冬夏都不遮盖任何东西，易于采光和通风。

最后是搭门。斜仁柱的门设在朝南或朝东的两根木杆中间，宽约1米，冬季用"乌鲁克布吐恩"（皮帘）、夏季用"善文"（柳条帘）做门帘。

鄂伦春人为了追寻猎物，需要经常迁徙，斜仁柱并非永久性的住所。在每次迁徙时，鄂伦春人只把桦皮围子和狍皮围子之类的覆盖物运走，而将搭盖斜仁柱的骨架丢在原地。一是因为作为骨架用的木杆多达几十根，搬运起来十分不便；二是因为这些木杆在山岭林海中随处可见、唾手可得，而且不需要太复杂的加工。

二、居住习俗

斜仁柱内的铺位排列及使用极为讲究。进入斜仁柱内部，面对门位置上的铺位叫"玛路"，意为"神位"。该铺的上方悬挂着桦树皮盒，里边装着

"博如坎"（神偶），是供神的地方。上面挂着祖先神、马神等神像。正好在客人座位头顶的支架上悬挂有"玛路"神桦皮盒，一般是由4~5个桦树皮盒组成的，里面装有祖先盒及辅神的偶像及画像等物。在"玛路"神盒左侧靠下处，挂有"昭鲁博如坎"（即饲马神）神像。其下有祭品、木雕马及一个小皮口袋。若有客人进入斜仁柱内，必须要看清"饲马神"前有无马奶酒和肉食等祭品，不然坐在前面就会失礼。

下面是铺位，铺着用各种兽皮缝制的褥子，上面叠放狍皮被。只有身份高贵的客人和长辈才能坐在这里，家人禁止坐在上面，尤其是妇女绝对不能靠近神位。在正铺的里侧可以放桦皮箱和皮口袋等，但里边只能存放老年男人和小孩的衣装与用具。

斜仁柱内的铺位有席地铺和木架铺两种。席地铺以直接摆放在地上的半圆形木杆为铺沿，铺沿内铺干草、桦树皮和兽皮褥子。搭木架铺也很简单：先在地面上立起4根1尺多高的小木柱，在柱子上搭上两根横木，在横木上摆放起一根紧挨另一根的木杆，然后在木杆上面铺上一些干草和褥子等。同原始简陋的席地铺相比，木架铺确实有所改进。它不仅防潮，而且坐卧方便，因此，木架铺的使用要比席地铺普遍。尤其是在相对长期居住的斜仁柱里，木架铺更为多见。

鄂伦春人把正铺两侧的铺位称作"奥路"。右侧"奥路"，铺内侧靠"斜仁"的地方用于存放老年人的衣物、粮食和其他生活用具。左侧"奥路"是年轻夫妇的席位，在铺内侧靠"斜仁"的地方存放着他们的衣物和用具。

屋地的中央为火塘，用于取暖、照明、保存火种和做饭。在过去，由于鄂伦春人对火的敬畏和崇拜，跨越火塘、往火上洒水和吐痰，都是被禁止的。在每一次迁徙时，鄂伦春人都要精心地将火种保存好，带到新的驻地。

一进门的右侧放置马具，左侧放置餐具。在年轻夫妇居住的一侧，斜仁柱顶上搭有横木杆，用来装置吊小孩的摇篮。

鄂伦春族以父系家族公社"乌力愣"为基本的社会单位。一个"乌力愣"由若干个父系小家庭组成，一个家庭住一个斜仁柱，每个斜仁柱就是一个家庭。鄂伦春每个家庭的人数一般都在七人以下，且同一斜仁柱内最多不会超过三代。鄂伦春有20个左右的氏族，每一个氏族就是一个聚落，随着人口的发展，氏族分成若干子氏族——"乌力楞"。"乌力楞"是子孙们的意思，一个"乌力楞"由一位父亲的后裔和其他亲属，包括配偶、女婿及养子等组成。这样的大家族人数有十几人至几十人不等，分住在几个斜仁柱里。

在分居时，一般是让年龄较大、结婚较早的儿子和儿媳先搬出去。搬家时，双亲要向火神祷告，并从自己的火塘中分出一堆火来，在为儿子和儿媳新搭建的斜仁柱中点燃起来，这意味着一个新家庭的诞生。

在北半球的许多民族中，斜仁柱式的简易性住所具有一定的代表性和典型性。在北美洲的印第安人中，有许多民族和部落用草席与桦树皮覆盖房屋。北美洲东北部的纳斯卡皮人居住的圆锥形桦树皮小屋，形状和结构都与鄂伦春人的斜仁柱相似。欧洲北部以放牧驯鹿为生的拉普人在夏天时居住的木屋也为圆锥形。在亚洲北部的西伯利亚、贝加尔湖沿岸和黑龙江北岸，这种圆锥形建筑的分布是非常广泛的。从建筑形状、室内陈设和建造方法等方面来看，我国赫哲族、鄂温克族和达斡尔族的"撮罗子"与鄂伦春人的斜仁柱极为相似；汉族人和满族人上山狩猎时居住的窝棚与斜仁柱也是大体接近的。狩猎文化对人类居住习俗的影响由此可见一斑。

鄂伦春族的民居——斜仁柱——搭盖简单，美观大方，实用性较强，且经济实惠、灵活多变，具有独特的民居文化特征。现在，只有少数上山打猎或野外生活、旅游的人才搭建斜仁柱。但作为鄂伦春民族特有的民居，其在当今社会仍具有吸引人之处。

第七节　敖鲁古雅鄂温克族撮罗子

"鄂温克"在鄂温克语中意为"住在大山林中的人们"。

敖鲁古雅鄂温克人是鄂温克族的一个分支。"敖鲁古雅"为鄂温克语"杨树林茂盛的地方"之意。大约在1700年以前，他们从列拿河一带迁到额尔古纳河流域，当时有700余人。在列拿河时代，他们就开始驯养和使用驯鹿。后来，由于列拿河一带猎物少了，他们便顺着石勒喀河来到了大兴安岭北麓的额尔古纳河流域。他们常年生活在深山密林，穿兽皮，吃兽肉，住"撮罗子"，受外界影响较少，在中华人民共和国成立前，基本仍处于原始公社末期氏族公社阶段。

1949年之后，敖鲁古雅鄂温克人彻底结束了不分冬夏穿兽皮与风餐露宿的原始生活，在奇乾建立了奇乾鄂温克族乡人民政府。1965年9月1日，35

图8-11 撮罗子（一）

图8-12 撮罗子（二）

图8-13 撮罗子（三）

户鄂温克猎民在敖鲁古雅河畔安家，实现了定居。

敖鲁古雅鄂温克人传统上以狩猎为主。由于敖鲁古雅鄂温克人在生活、生产中大量使用驯鹿，所以他们又被称为"使鹿部落"。鄂温克人打猎，一般五六个人为一个小组，称为"塔坦"。猎人们最喜欢猎鹿。这不仅因为鹿的全身都是宝，而且因为鹿特别灵敏，最难捕获，因而猎获到鹿也是最光彩、最令人兴奋的事情。猎民一年中捕猎季节的划分是有规律的。这是按照各种动物的生长习性和生活特点形成的习俗。采集业及捕鱼业也占有较大的比例，是鄂温克妇女从事生产的重要组成部分。采集业包括桦树皮的采集和缝制，以及榛子、木耳、蘑菇、野菜等的采集。

仙人柱是鄂温克猎民住的圆形帐篷，汉语称"撮罗子"。它由若干根桦木杆或柳木杆搭成框架，夏、秋季在外面覆盖干草、芦苇或桦树皮，冬、春季围盖兽皮。门多向东或向南开。几个仙人柱只能排成一字形或弧形，不许前后排列。

撮罗子的选址一般是在地势较高、阳光能照射到而且水和柴草就近可取的平坦之处。其盖造方法是，用三五根约碗口粗细、上有枝杈的木杆，相互咬合搭成上聚下开的骨架，然后用约30根木杆搭在骨架之间捆绑固定，在南面（或东面）留出门，即基本成型。木杆搭起的只是屋架，外面还要覆盖才能遮风挡雨。按照季节不同，分别用桦树皮、草帘子和犴、狍等兽皮做成自上而下一层压一层的围子，绑在木杆上；门帘则夏季用草或树条编，冬季用狍皮做成。

撮罗子内的空间高约一丈，地面直径为一丈二三尺至一丈六七尺。如门向南开，则在室内北、东、西三面搭设供人起居坐卧的铺位。有的是用干草

图8-14　撮罗子（四）

和树皮直接铺在地面上，更多的则是在约一尺高的木架上铺木杆木板，上铺草席或皮子，可以更好地防寒防潮。铺和门之间的中央空地是烧火取暖做饭的地方。按照习俗，撮罗子内的方位是有不同等级区别的。北面（正面）是安放神位之处，最为尊贵。平时只有男主人和男性贵客才能在北铺坐卧。如果供人起居，也只能是家中长辈方可。有的甚至规定，只有丧偶的男性长辈才能睡在北铺；如果夫妻都健在或夫亡妻在，则只能睡在右边的铺位。此外，家中的主妇和未婚女孩允许到北面神位前，而其他已婚妇女则不允许，因室内中央是火位，她们不可以越过。火位两边的位置以右为上，儿子婚后与父母同住时，小两口只能住左铺，而且睡觉时应是男在北妇在南。由此可以看出，这些规定的基本原则是以北为尊、以男为尊。

还有一项特殊的风俗，就是妇女生孩子时，必须移到原住撮罗子附近另搭的产房中去。这种产房也是撮罗子的样式，只不过矮小简单一些，有的还专搭一根横木，做分娩时的把手。产房内设左右两铺，产妇住右，婆婆或助产女眷住左。待新生儿满月后，产妇可回到原住撮罗子，产房随之被拆除。这种做法的用意并非特殊关照产妇，而是认为生孩子应该避开家中供神和男人居住的地方。可见，撮罗子不仅样式很原始，其使用风俗也带有许多古老的观念。

图8-15 撮罗子（五）

第八节　达斡尔族民居

达斡尔族村落都建在依山傍水的向阳之地。背靠山岗，既可抵御大兴安岭漫长冬季的寒风，也可就近砍取做饭取暖的烧柴；临近江河，可以捕鱼，丰茂的水草也有利于饲养牛马，河套子里的柳条还能编织筐篓和篱笆；山脚下的缓坡地带，土质肥沃，日照时间长，适宜粮食作物生长，平整的土地也便于以牛马为主要役畜的耕种。这种生态环境为达斡尔族的农、林、牧、渔、猎生产提供了得天独厚的自然资源。

达斡尔族人村落的布局与他们的生产方式有直接关系。达斡尔族人从事定居农业与定居牧业，其中农业生产又分为大田耕作和园田耕种。大田耕种的耕地距村落几里至二十里远，主要生产传统农作物，如燕麦、荞麦、稷子、大麦等。园田耕种是在庭院的东、西、北开辟园田，每家数亩，种植满足生活基本需求的蔬菜、烟叶、玉米和麻。为防止牲畜破坏，园田四周用柳条编篱笆圈围。因此，这种园田围篱笆、远耕近牧的生产方式使达斡尔族人村落占地宽阔。各家住房沿东西向排列，每座住房的前后左右相隔很大距离，中间开辟有园田、院落。村中以东西为干线，形成纵横的车马道路，通向村外。

一、院落布局

（一）空间布局

达斡尔族在住房的四周筑墙围成院落，形成典型的三合院院落空间。院子呈长方形，正房坐北朝南，是达斡尔族进行室内活动的主要场所；东西厢房分别布置为仓房与磨房，用于储藏粮食、农具和加工粮食的工具；院子中的院门居于主轴线南侧，和正房遥相呼应。在院子中靠近院门的左右有柴垛、牛马圈，在正房的南墙下或东南、西南侧为狗窝。这是达斡尔族民居院落空间的典型布置方法。讲究一点的人家还要在院子的南侧再加一道院门，两道门俗称"大门""二门"。这种做法把牛马圈和柴垛与内院分离开来，从而形成两进院落：主院套和外院套。在庭院的东、西、北外层是园田耕种的场地。

（二）院落细部特点

（1）院门。达斡尔族人家的院门开在南向，一般是立两根一尺多粗的木门柱，相隔距离以能过拉草的大轱辘车为准。门柱上凿出两三个孔，需关门时，横穿木杆即可。有时，为了方便，会把其中一根木杆上下斜插，以防止牲畜出入。

（2）围墙。达斡尔族人家院子四周都有围墙，当地人俗称"障子"。各家的园田连成一片，仅由障子加以分隔。障子有用柳条交叉编成的，也有用柞树或白桦、黑桦围成的。以柳条编织成的障子，每隔0.6~0.7米会有一根立柱；用柞树或白桦、黑桦做成的障子，每隔1米左右会有一根立柱，现在的材料多以松木为主。

（3）温苗床。达斡尔族人家宅院中很别致的是，在住房的西窗外有约10平方米的温苗床。上铺小石头，作为烟苗或蔬菜苗的温床。在达斡尔人的经济生活中，烟是主要商品，也是达斡尔人的重要经济来源。达斡尔人生产的烟叶具有极佳的口碑。因此，在达斡尔族人家院落布局中，温苗床成为特别的一景。①

二、建筑单体

达斡尔族民间建筑格局具有传统的中轴式特征，呈正方形，分为正房、仓房、畜栏、菜院等。达斡尔人盖房很讲究，必须把所有建房材料备齐后，才能破土动工；立柱和上梁时，要选择吉日。达斡尔人建房一般选择春天农闲少雨时进行。屋顶承重主要在梁柱，粗大立柱被隐蔽在墙内，柱子上架双层檩桃，檩桃上放正三角形房脊架。房架以榫槽结合固定，形成人字形坡度很大的房脊，以抵御雨雪。屋顶斜面上每隔40厘米钉一根椽子，椽子上铺满柳条编的房笆，并抹上厚厚的草泥。将码垛压平的成捆羊草用铡刀切齐两头，根部向外，与屋面成一定角度，用专用的苫草拍板从屋檐的边缘自下而上向坡脊一层压一层地铺盖，苫草的厚度在20厘米左右。两坡同时苫到坡脊后，将两把未经修剪的羊草拧成中间有疙瘩、两端等长的人字形草把，从屋脊的一端开始罩盖两侧至另一端，形成龙脊背似的屋脊。最后，屋脊两侧以长木条覆压，以防止大风吹开草顶。

---

① 齐卓彦、齐卓帅：《内蒙古呼伦贝尔达斡尔族传统民居解析》，载《城市建筑》，2015（5），3~4页。

（一）正房

达斡尔族人家住房以两间或三间居多，以西屋为上，不设北窗。东、西两屋的南面各有3扇窗户，中间一间在房门两侧各有一扇窗户，西屋开两扇西窗，更利于采光和通风，这在北方民居中比较少见。两间房的西屋是起居室，南、西、北三面连炕，呈凹字形，与满族的"万字炕"差不多。近些年，达斡尔族家庭人口少了，特别是结婚的新房只搭北炕，南面放置组合家具和冰箱、洗衣机。东屋开南门，作为厨房，砌锅灶，一般用8印或10印①的铁锅。烟囱在墙外，与房顶有距离，有的用草坯子垒砌，有的用木板砌，这样的烟囱不仅抽力大、灶膛好烧，而且可以避免草房顶的火灾。近十几年建的房子，烟囱都在西山墙上用砖垒砌，一直伸出屋脊后坡，高出房顶1米多。

传统的达斡尔族房屋建造工序严谨而复杂。先打地基，之后挖1米左右深的大坑，里面垫上石头，在坑里下主柱。主柱的数量由房间的间数确定，三间下8根，两间下6根，之后填土夯实。在进深方向的两根主柱之间，加两根稍细的辅柱。房屋结构形式为中国木构建筑的抬梁式。之后，在椽子上面铺柳编的房笆。有的住房上面铺拇指粗的用柳杆编排的房笆，在柳笆上抹一层泥，上面铺苫房草，由下往上铺，一层压一层，直到房脊。房脊上用编成的鞍形草架子压封，既防风吹散，又整齐美观。好的苫房草可保持20年之久。达斡尔族砌墙用的材料大多用草坯，也有些地方用土坯。草坯是从草甸子上挖出的，也可以挖芦苇根密集的地皮，草根上包着泥块。草坯长约300毫米，宽约200毫米，厚约200毫米。经太阳晒后，具有很高的强度。房屋的墙厚一般为600毫米，北墙由于防寒的缘故，会更加厚实。房墙砌好后，内外用羊草和泥抹平整，房里墙面多用沙泥打平抹光。有的地方的达斡尔人还用白石灰粉刷墙壁，使室内光洁明亮。室内间壁墙用柞木杆或柳杆夹成笆，在上面抹泥即可。

达斡尔族民居最有特色的是西侧或东侧的仓房。最早的是垛木仓房，现在看到的大多是柞木杆子里外抹草泥的仓房。仓底被垫起半米左右，以隔潮通风。里面有隔栏，能存放几种粮食，隔栏和仓底用麻丝与黄泥抹严。仓房前墙缩回房檐半米多，高出地面的仓底就成了晒台，可放马具、农具，夏天晒干菜，既避风又防雨。与仓房连在一起的是敞开的棚子，用以停放马车和

---

① "印"为农村约定俗成的表示铁锅尺寸的一种说法。8印为80厘米直径，10印为100厘米直径。

杂物。如今，大都停放四轮拖拉机。

达斡尔人的居室以西屋为贵。西屋又以南炕为上，多由长辈居住，儿子、儿媳及其孩子多居北炕或东屋，西炕则专供客人起居。炕面大都铺苇席或毛毡等。如今，随着经济的发展、生活条件的改善，砖瓦房正日益增多，不过，使用火炕等起居习俗仍深受达斡尔人喜爱。

近几年，新建的砖瓦房兼具客厅、浴室、储藏室功能。

（1）炕。达斡尔族传统民居的正房是主要起居空间。房中以炕为主，在正房西屋的北、西、南三面设有连在一起的三铺火炕，叫凹形炕。炕上早年铺兽皮或桦树皮薄片，后受汉族影响，改成铺芦苇席或高粱秆皮编成的席。炕沿多为木板，讲究一点的人家炕的外壁多用木板镶嵌，木板上还雕有各种各样精美的图案。

（2）门。室内西屋隔扇门的制作比较精美，讲究的以红松为原料。隔扇门分为门扇和门楣两部分。门楣上多雕花瓶或五福捧寿等题材图案，有的人家则雕饰满、汉文的福、禄、寿、喜、财。门扇由4扇门组成。当中的两扇可经常开关，两边的两扇平时总是关着。门扇上有雕刻的菱花、盘长纹形棂子，门板上雕有花草、飞禽和鹿的吉祥图案。

（3）窗。达斡尔人有在西面开窗的习惯，有利于室内采光和通风，这是达斡尔族住房的一个特色。三间房有10扇窗子，其中西屋南面3扇，西面2扇，中间房门的两边各一扇，东屋南3扇。

（4）烟囱。达斡尔族传统民居的烟囱很有特色，它们设在住房的侧面，三间或五间的住房会在左右有两个烟囱，分别距离东、西墙面1～2米远。烟囱有圆柱形、有方柱形，同样用草坯垒成，直通火炕。早先烟囱收口部分会用枯木树干，现在有些会直接用草坯垒砌，或用铁皮烟囱代替。这种烟囱的建构可以在一定程度上防止火灾的发生，具有一定的科学性。

（二）厢房

（1）仓房。仓房一般有两间到三间大小，也为纯木框架结构，柱子的埋设方式与正房相同。仓房的地板离地0.7～0.8米，墙壁一直到房檐用粗木头垒起或镶嵌木板条，为双坡屋顶，屋顶上用苫房草做顶盖。仓库因距地面有一定的高度，易于空气流通，四面墙壁也透风，可保持仓内干燥，宜于储藏谷物和不常用的东西。盖建时，在仓库正面留有0.8～1米宽的台，平时可作为晾晒物品之用。

（2）磨房。磨房很宽绰，通常有两间大，里面有臼和簸箕。建造方式与仓房相同，只是地面没有抬高。

第九节　鄂温克族欧冐柱（柳条包）

在历史上，鄂温克族是我国北方一个游牧性非常强的部族。在古老的文化传统和世袭的生活习惯双重引领下，智慧的鄂温克族人创造了可以随时拆建的房屋——"柱"。据文献记载，鄂温克族人的房屋分别有撮罗子、木格楞和欧冐柱（柳条包）等。

欧冐柱是鄂温克族人智慧和力量的结晶，也是他们世代相传的独特技能和成就，更是游猎和游牧生活的必然产物，不仅具有极高的使用价值，而且承载着民族文化的传承与发展。在悠远的历史岁月中，由于频繁的迁徙生活，鄂温克族与其他民族交错杂居，逐渐形成了大分散小聚居的分布格局。在长期的共同生产生活中，各族之间相互学习、相互影响，逐渐形成了相同或相似的文化传统，欧冐柱与蒙古包有着极为相似之处，原因就在于此。

欧冐柱由天窗（鄂温克语"额日和"）、顶杆（鄂温克语"特榕"）、地杆（鄂温克语"哈那"）、芦苇帘（鄂温克语"浩力青"）、柳条帘（鄂温克语"协"）、苇帘（鄂温克语"协日通"）、上盖（鄂温克语"额日和""额日和奇"）、马尾线（鄂温克语"合西日"）、马尾绳（鄂温克语"乌西楞"）、门（鄂温克语"乌可"）等十部分组成。它的制作材料要求非常严格，往往需要近半年的时间做准备工作；然而，搭建却十分简单，两个人仅需一个小时左右时间就可以完成。

欧冐柱有冬季、夏季之分。冬季，毡子披在包外，御寒保暖；夏季，用芦苇和柳树条子做的帘子可以避雨防晒。欧冐柱的选址也是极为讲究的，一般选在地势较高、采光较好、用水方便，且靠近牧场的地方搭建。冬季，斜度要小些，可以抵御强风吹袭；雨季，斜度要大些，可以有效地防止漏雨。

如今，欧冐柱已经不再单纯地存在于鄂温克族人的生产生活中，而是以旅游产品的形式惊艳亮相于鄂温克族自治旗的各类节庆活动和旅游产业中。在鄂温克族传统节日节庆活动"瑟宾节"期间，搭建鄂温克特色柳条牧包是一个重要的游览项目，而且可供来宾和游人参观、休息；在牧户游产业发展中，欧嵩柱不仅作为极具观赏性的鄂温克族特色住宅展现给旅游者，而且以餐饮、住宿等多种功能为旅游者提供服务；在旅游商品中，通过传授传统搭建鄂温克族欧嵩柱技艺、制作旅游纪念品等形式，吸引广大旅游从业者和旅游者。

欧嵩柱作为自治区级非物质文化遗产，在面临技艺失传困境的同时，迎来了民族文化传承与发扬的绝佳机会，成为深受旅游者喜爱的一项旅游产品。

第九章

东北地区传统民居相关建筑

第一节　长白山"哈什"（仓房）

满族在东北的分布范围非常广，各地的满族人建造了很多富有特色的仓房。仓房对其他民族产生了深远的影响。后来，许多民族（如鄂伦春族、鄂温克族及赫哲族）在实现定居以后，都选择了满族的仓房形式。

满族将仓房称为"哈什"，俗称"下屋"，它和楼子有着本质的区别，"下树高栅曰楼子，以贮衣皮。无栅而隘者曰哈什，以贮豆黍"①。《柳边纪略》云："……两厢为碾房，为仓房（原注：满语曰哈势），为楼房（原注：用贮实物）。"

此所谓仓房或楼房，应源自满族先世狩猎时期的储物习俗，用以存放剩余的兽肉或等待交换的皮张、粮食等。在过去的东北长白山林区，猎人们多在经常路过的树林中建造这种仓库，把自己吃不完的猎获物储藏在里面，如果有其他猎人路过这里，又没有打到猎物，即可以用仓库里的这些存放物充饥，但日后打到猎物并有剩余时必须归还，以供其他遇到类似情况者使用，这是自古以来该地区猎人群体中一个不成文的规矩。至满族进入农耕地区后，他们仍然使用这种仓库，不同的是大部分已变成归农户自家所有，而且以存放粮食更为多见。在今辽宁、吉林东部山区，这种仓库主要用以装盛玉米，所以民间也俗称作"苞米仓子""苞米楼子"。至今，其在满族人口较集中的山区或半山区仍十分常见。

一种是干栏式，即"柱埋于地，露二尺许，造屋其上，贮不耐湿之物，望之如水榭然，曰楼房，仓禀亦类似"②。此为最传统的样式。即以四柱或

---

① 方拱乾：《绝域纪略·风俗》，见徐宗亮：《黑龙江述略》，9 页，哈尔滨，黑龙江人民出版社，1985。

② 《黑龙江志稿》卷六，第 25 页，1933 年铅印本。

六柱埋于地，仓底距地约1米，其上四面钉以横木，其间留出间隙。顶为两面坡式，以树皮、木板等覆盖，朝向院内留有门。此种形式既便于通风防水，又可避免野兽、家畜等偷吃仓内储物。因其较高又分为上下层，故称之为"楼"。

另两种是由上述形式演化而来的。一种与前述干栏式相仿，但底部距地较近，上不盖顶，高可及胸，多建于正房西侧的院中，主要在相对平坦的农耕区域用以存放玉米。另一种虽然与第一种类似，但其下悬空部分以石砌墙；应用时，上部装粮食，下部装杂物或饲养猪、鸡等畜禽。

苞米楼子是专门用来储存苞米的设施。每到秋季，家家的院子里都建有苞米楼子。这是东北民间秋冬之季的一景，具有浓厚的田园特色。仓底离地面较高，既可以防止老鼠和家畜家禽偷吃粮食，又可以避免距地面太近而使粮食受潮发霉。

一、苞米楼子制作方法

（一）苞米秆楼子

苞米秆楼子用秫秸围成，用草绳把玉米秆捆绑成一个帘子，然后将帘子围拢成一个立柱体，内放苞米棒子。一般一人高，内部直径约2米。

（二）柳条楼子

柳条楼子用柳条上下编穿而成。下面以四木或六木为柱，柱上架以横木，然后用木板做成一个离地1米左右的平铺，柳编的方囤立在上面，有如"空中楼阁"。为防雨雪，还在顶部加盖，或盖桦树皮或兽皮。

（三）木板楼子

这种楼子是用木板做成的。用方木做成框架，上下两层，中间横撑上铺一层木板，四周钉上木板，木板之间留有空隙。顶部为人字架，或覆盖木板，或覆盖瓦片。这些高脚的苞米楼子可能和渔猎民族的高脚仓房一脉相承，反映了东北民族的渔猎文化传统。

二、满族"哈什"种类

（一）木板仓房

木板仓房是满族最为传统的仓房，多见于林区。由于木材多，所以建造仓房多用厚约2厘米的木板钉制而成，呈长方形，平顶或人字形顶。下面立四柱或六柱，立柱只有一尺左右高，以使仓底离开地面，具有防潮隔湿作用。仓房没有固定的方位，都建于正房的侧面，门向院里。生活在黑龙江流域和长白山一带的满族家庭的仓房多是这种木板房，每个满族家庭一般都有一座或两座仓房。居住在黑河地区的达斡尔族也使用这种木板房做仓房。鄂伦春族在20世纪50年代下山定居以后，也制作这种木板房做仓房，其形制、构造基本相同。

（二）土仓房

土仓房多见于平原地区的满族民居，如松嫩平原地区的民族多采取这种方法建造仓房。或者用土坯垒建，或者用羊角泥垒。他们建造的土仓房相当于一个小的厢房，一般建在正房东南侧或西南侧，也有和房子平行的，门都朝向院内。房顶多是平顶，用秫秸覆盖。

（三）石仓房

对于生活在山水环绕地区的辽宁的满族来说，他们的仓房是用石头垒砌的，采集当地山上或水里的毛石和河卵石砌墙。房顶或是平顶，或是人字顶。

满族在正月二十五要举行添仓大礼。男人们在家长的带领下，用盆子盛上黏米饭，恭恭敬敬地捧着来到仓房，用手指沾一些米饭，象征性地涂抹到粮囤、米袋、量米的斗子上。然后在仓房的一张桌子上摆上馒头等祭品，家长点燃三炷香，向粮囤作揖祭拜五谷之神，祈祷来年粮食丰收。

东北传统民居中的仓房具有储存食物和物品的功能。其建筑形式取决于两方面因素：一是经济活动；二是自然因素。

首先，东北民族之所以出现多种仓房形式，主要原因在于东北民族经济文化类型多样，工业文明出现以前的三大经济文化类型（渔猎经济、牧业经济和农业经济）在东北地区都同时存在。不同的经济文化类型造就了不同的仓房样式和形式。

其次，各民族在仓房的制作上都充分利用了各自的自然条件。在材质的选择上，主要使用当地自然条件所能提供的材料：山林地带主要是木制的仓库；平原地区主要以土为墙、以木为檩、以草或秫秸为笆；居住于山林和河流旁的民族则主要选择当地的石头为墙。[1]从总体来看，在发展趋势上，各民族的仓房建造形式逐渐交融。随着各民族联系的加强、文化的变迁，各民族的仓房形式也发生了很大的变化。由于满族具有强大的文化优势，所以后

---

[1]　于学斌：《东北民族贮藏物品的建筑——仓房》，载《民俗研究》，2005（4），160～171页。

来弃猎归农的民族建造的仓房都和满族的相似，多在正房的侧面或左右前方建木板房或土房。

第二节　东北地区火炕

我国北方的高纬度地区，冬季漫长，气候寒冷。因此，在此生活的古代居民首先要解决取暖问题，于是，各种取暖设备应运而生。在漫长的发展过程中，火炕作为一种取暖设备逐渐被普遍接受和使用。至今，它仍然是东北人民主要的取暖设备之一。火炕是一步步由诸如火塘、地下火道、地穴、半地穴等一系列建筑形式逐渐发展而来的。

一、历史上的火炕

火炕是什么时候产生的，是如何产生的，具体形态如何，是我们今天要解答的问题。

首先来看看火炕的起源。

与当时的自然环境及生活条件相适应，我国北方少数民族的住所按照时代可分为早期半地穴式住所和地上房屋式住所两类。如史书记载女真人的先人（肃慎——挹娄——勿吉——靺鞨）居住环境如下。

《晋书·四夷传》：肃慎"夏则巢居，冬则穴处"。

《后汉书·东夷列传》：挹娄，其人"处于山林之间，土气极寒，常为穴居，以深为贵，大家至接九梯"。

《魏书·勿吉传》：勿吉"其地下湿，筑城穴居，屋形似冢，开口于上，以梯出入"。

《旧唐书·靺鞨传》：靺鞨"无屋宇，并依山水掘地为穴，架木于上，以土覆之，状如中国之冢墓，相聚而居。夏则出随水草，冬则入处穴中"。

《新唐书·黑水靺鞨传》：黑水靺鞨"居无室庐，负山水坎地，梁木其上，覆以土，如丘冢然"。

中国与前苏联的考古资料也证明了勿吉、靺鞨时期的半穴居习俗。如：不筑城的村落当以黑龙江省绥滨县同仁遗址为典型。遗址面积约300米×200

米。建筑方法为：先在穴内四周挖槽，立木板为壁，在里侧挖竖柱支撑平放的圆木，屋椽搭于圆木之上，地面往往用火烤，在居住面铺有门字形木板，当为起居处。灶坑在中央，灶为方形，边长约40厘米，灶之四周用木板镶成四框，房顶应为四角钻尖式。此房经 ¹⁴C 测定年代为公元540—670年，当为隋唐时期，应是黑水靺鞨遗址①。

　　由于早期北方少数民族居于这种半地穴式的住所，所以当时人们御寒的方法往往是在住所的地表生火取暖，位置大多选在中央。后来，这种方法逐渐演化为在住所内挖一个固定的坑，在坑中生火以取暖。之所以"掘坑"，是因为置火于地下，坑内的保温性能比较好。汉期使节苏武在天寒地冻的匈奴牧羊19年，之所以顽强地生存下来，就得益于这种保暖方式。《汉书》说他"凿地为坎，置温火"度日，无疑是真实的写照。

　　河北省文物研究所为配合南水北调工程建设，2006年4—11月对河北省徐水县东黑山遗址进行了发掘，发掘出一处西汉时期的火炕，将火炕的历史提前到2000多年前。

　　徐水县东黑山遗址位于徐水县大王店乡东黑山村南，处于丘陵山地向平原过渡地带。遗址东为平原、南为斑鸠山、西依凤凰山、北邻釜山，地势中间略低，由西向东倾斜。遗址范围较大，南北约800米，东西约1200米，面积近100万平方米。据挖掘现场的河北省文物管理所专家石磊介绍，东黑山遗址的主要文化内涵以战国、汉代为主，发现战国时期小城址一座，各时期灰坑345座、灰沟10条、房址13座、井7座、墓葬19座、路8条，出土陶、铁、铜、石等各类遗物500余件。其中，西汉时期房子和火炕的发现是重要收获。此前中国发现的炕的遗迹多分布在东北地区，且时代最早的为东汉晚期。南侧的炭坑里残留的车辙是战国时期的古道，而大大小小的坑则是古代先人们倒垃圾的灰坑。汉代房子和火炕的遗址位于挖掘现场西侧的探坑中。根据对遗址的判断，汉代房子面积大多为6~10平方米，分为半地穴式和地面式两种。房子大多有炕，炕长3米、宽1.5米。炕和灶相连，烟道有两条或三条，有的烟道上还残留着当年铺的石板。两条烟道的时代较早，属于西汉时期，三条烟道的为东汉早期。之前人们一般认为炕起源于东北。在河北发现西汉时期的房子，特别是炕，为研究当时的经济和生活形式提供了实物资

---

① 张秦湘、吴英才、李亚斌：《勿吉——靺鞨文化研究》，见孙进己、冯永谦、苏天钧、等：《中国考古集成（东北卷）》，527～533页，北京，北京出版社，1977。

料，可以说，东黑山遗址西汉时期炕的发现填补了汉代建筑史的研究空白。

东北的冬季寒冷而干燥，为了度过寒冬，早期的人们已在屋内掘土为坑，燃烧柴火，一方面用来煮饭，另一方面用来取暖。这时的炉灶兼具炊事和供暖作用，但它提供的热量十分有限，难以帮助人们抵抗严寒。后来人们发现炉灶周围的地面经过火的烘烤后变硬，不再潮湿，而且能保持很长时间的热度，适合在上面起居。如《左传·昭公十年》："冬十二月，宋平公卒。初，元公恶寺人柳，欲杀之，及丧，柳炽炭于位，将至，则去之。比葬，又有宠。"元公在寒冬十二月守丧，依礼应该"寝苫枕草"，而不能像平时那样"衣狐裘，坐熊席"。寺人柳善于逢迎，先用炭火把元公所坐处的地面烤热，元公将至，再将炭火去掉，元公得到温暖而高兴，柳因此又得宠。当人们开始有意识地用火将地面烤热，用来坐卧时，炙地这种取暖方式便产生了。

文献中记载与考古发现不同，炕至少在唐代已经产生。唐代慧琳《一切经音义》卷18注21《考声》云："上榻安火曰炕。"这是目前见到的最早的火炕用例。后晋刘昫的《旧唐书·高丽传》载："其所居必依山谷，皆以茅草葺舍，唯佛事，神庙及王宫，官府乃用瓦。其俗贫窭者多，冬月皆作长坑，下燃煴火以取暖。"这里的"坑"即今之土炕。顾炎武在《日知录·土炕》中也记载："《旧唐书·东夷高丽传》：'冬月皆作长坑，下燃煴火以取暖'，此即今之土炕也，但作坑字。"此处将"炕"写成"坑"，盖与"掘坑生火"这一取暖方式有关。

另外，在黑龙江省东宁县境内的团结遗址下层中发现了火炕（"这座房址的年代据¹⁴C测定，为距今1925年±80年，即相当于我国中原地区的东汉时期"）；在黑龙江省友谊县凤林城址中也发现了火炕，其年代为魏晋时期。《晋书》卷94："公孙凤……隐于昌黎之九城山谷，冬衣单布，寝处土床。"这里讲的"土床"很可能就是火炕，因为公孙凤生活在十六国时期的前燕地（今辽宁省朝阳市附近），那里冬季寒冷，他无论怎样也不能单衣睡在无取暖设施的"土床"上，推测他的土床下面是生火的。

其次来看看火炕在古代有哪些类型。火炕大体上可以分为三种类型。

（1）炙地。"炙"的本意是烤，炙地就是烤地、温地。从热工学的角度来说，是把土地面作为一种介质，经烧烤后，使热量储存于其中，土的热惰性较大，可以保存较长的时间。在我国采暖技术的发展史上，可能有过炙地的采暖方式。从考古发掘材料来看，原始社会时期的许多红烧土居住面经过反复烧烤，应并不只是为了防潮驱湿，推测其中可能有炙地造成的结果，如西安半坡 6 号房址和姜寨大房子中的大片红烧土面。唐代孟郊《寒地百姓吟》中有："无火炙地眠，半夜皆立号。"可见，到唐代时仍存在这种取暖方式。在没有火地、火炕以前，采用炙地烤热地面，坐卧其上以为取暖，不失为一种简便的做法。就是在近代，仍偶有采用，如我国北方半游牧的蒙古族地区常用，称之为"霸王炕"。

（2）火地。此词于文献无证，是东北民间的习惯称法，以区别于"火炕"。北京地区则称其为"地炕"。它与炙地一样，都是用火把地烤烧发热。不同的是炙地为用火在地面上烤，火地则是在地面下烤。因而地面下要设有烟火道，相应的还要有烟火口和排烟口或烟囱，设备配套，构造复杂。炙地的优点被继承，缺点被克服。火地是炙地的科学发展。但是至今考古发掘中尚未发现清代以前的实物遗存，只是有的建筑学家提出："汉代我国已有了火地采暖是完全有可能的。"[①]《水经注·鲍丘水》中曰："（观鸡寺）寺内起大堂，甚高广，可容千僧。下悉结石为之，上加涂塈，基内疏通，枝经脉散，基侧室外，四出爨火，炎势内流，一堂尽温。"由《遵化通志》卷四七著录的《辽景州陈公山观鸡寺碑铭》可知，至迟在北魏时，我国北方较大的公共建筑中已有采暖火地的设置，此亦与考古发现相异。现在半固定的蒙古包中仍采用这种方式取暖。火地也称暖地，又叫作地炕，是我国北方地区采暖方法的一种。火地是由主烟道、支烟道、烟室及排烟道等几部分构成的。在主烟道之外，还有炉膛和工作坑。炉膛与工作坑相连，位置比较灵活，以有利于火地采暖为前提而确定：有的是在前檐阶条石内，紧紧贴在槛墙下；有的是在走廊内，也是靠近槛墙的地方；有的是在后檐墙下，或后檐台基旁；还有的是在山墙外的台帮等处。炉膛的形状有长方形的，也有椭圆形的。在炉膛的上方往往铺设铸铁板，或在铸铁条上铺设铸铁板。炉膛的后部直通主烟道。出烟口多设在台帮处，在砖砌的台帮上或石雕须弥座的束腰中往往留有暖地的排烟口。火地的构造层是在室内地面下先砌一层砖，取其平整，在上面安放有规则等距离的砖垛，砖垛上方架设方砖，在这层方砖上再铺砌地面砖，这样，就构成了火地。采暖季节，在炉膛内烧柴炭，其热流、烟气沿主烟道、支烟道分流到烟室的各个部位，使室内地面温度升高，从而满足了室内取暖的要求。火地的烧火炉膛、出烟口都在室外，这样不会因生

---

① 中国科学院自然科学史研究所：《中国古代建筑技术史》，2 版，北京，科学出版社，1990。

火而污染室内空气；整个地面加热散热面积大，热量均匀、温和，是采暖的好办法。①

（3）火墙。做法是：在灶前有一小矮墙或房屋之间的隔墙与灶相连，其墙壁中间挖空一部分，作为走火的烟道，运用整个墙体来为房间供热。从目前见到的考古资料来看，内蒙古额济纳旗和西安北郊阎家村均发现了西汉年间的"暖墙"，这应称得上是我国年代较早的火墙。这种取暖方式至今在东北个别地区仍然比较流行，火墙也是取暖的一种方式，作为火炕取暖的补充形式存在。火墙是用砖砌筑的墙壁，墙内留有许多空洞，使烟火在内流通。一般的，在大型住宅中，为了减少室内烟灰，都做火墙。火墙自两面散热，故热量较大。火墙是东北地区早期满族沿用的采暖设施，后来渐渐地传播至整个东北地区。火墙常设在炕面上，兼作炕上的空间隔断（对室内空间并不起隔断作用），相当于一个"采暖箅子"，引火处在端部或背面。在府邸大宅中，火墙只用来采暖，所以墙下不设火炉，火门装在端部；当采暖与做饭兼用时，在墙的背面设火炉，取暖做饭两用。

火墙可分为"吊洞火墙""横洞火墙""花洞火墙"三类。吊洞火墙本身又分为三洞、五洞两种，是最普遍的一种形式。火墙砌筑高度较高，内部空洞抹平，甚为光滑，烟道内烟气流通毫无阻碍，因而升温较快。火墙的一般做法是用砖砌成空洞形式，厚度约30厘米，长约2米，高约1.5米。内表面用沙子加泥，以抹布沾水抹光，外部涂以白灰或石膏。对于火墙的维护至关重要，不能使之受潮，须经常掏出洞内烟灰。如果不常掏烟灰，不仅会缩短火墙的寿命，而且积聚年久，烟灰结块，容易燃烧，造成火墙爆炸。②

最后来看看历史上火炕的分期。目前，据华阳的研究，火炕大致可以分为四期。现将主要观点介绍如下。

第一期（战国至魏晋时期）。到目前为止，仅在吉林省榆树县老河深遗址F1中发现一处战国末至西汉初期的火炕，发掘者称之为"原始火炕"。③形状为："近北壁有一长方形红烧土面。表面比较平坦、光滑，而且十分坚硬。中部被M114打破，……东部红烧土上有两条小凹沟。"从报告图中可以看出，"红烧土面""两条小凹沟"二者有一定的关系，并且从沟内堆积有红烧土和炭灰推测，其应为"火地"中所提及的"烟火道"；根据目前掌握的

---

① ② 张驭寰：《吉林民居》，10页，北京，中国建筑工业出版社，1985。

③ 吉林省文物考古研究所：《榆树老河深》，北京，文物出版社，1987。

资料分析，称其为"火地"更合适。

第二期（高句丽时期）。这一时期的火炕发现于吉林集安东台子遗址F1，F2中。方起东认为，遗址年代为高句丽中期（《朝鲜考古学概要》中认为，其时间为高句丽晚期）。据《三国史记》记载，推测其很可能正是故国壤王九年（392）春三月兴修的王室社稷和宗庙。（392年相当于中原的东晋末年。）烟道由一股发展为双股，说明人们已经开始有意识地提高取暖效果。且与烟道相连的已不是出烟口，而是烟筒，这样，烟尘的排出受天气影响减弱，使室内环境变得清洁多了。只是遗址发掘者判断其性质为王室社稷和宗庙，属于较高等级的建筑，至于这一时期贫民居址是否也有烟筒，由于受到目前考古资料的局限，尚不得而知。

第三期（渤海国时期）。发现主要集中在渤海上京寝殿、上京宫城西区寝殿、渤海东京城、海林木兰集东遗址。其中，前三个属于等级较高的建筑，反映了上层贵族在注重住房华丽的同时，更加注意室内卫生条件的改善，相对于早期而言，房屋的布局已渐趋合理化。而平民居址中目前仅在木兰集东遗址中发现有烟筒，其他较多的仍连着出烟孔道。

第四期（辽、金时期）。此时期东北地区长方形火炕比中期有所增多，曲尺形火炕仍占多数。单股烟道由于已经不能适应此时的火炕类型而消失。大多数平民居址中出现烟筒，说明烟筒的使用已较普及。如吉林双辽电厂贮灰场遗址、吉林德惠县后城子古城遗址中都发现有烟筒的使用。另外，在辽宁抚顺千金乡唐力村遗址中，烟道东深西浅呈坡面上升，这样更有利于烟尘的排出，整体布局更加合理。[1]

火炕的宽度由人体的长度决定，在习惯上，都在1.8米左右；高度以人的膝高为标准，一般为65~70厘米。搭砌时，首先在抱门柱之间砌置炕沿墙，若用砖则立砖砌筑。上安炕沿，作为火炕的外墙。在墙的内面砌成长方形炕洞数条，中间以炕垄分隔。炕垄的材料与炕面相同，若炕面为石板，则炕垄也用较规则的条石做成。若炕面用砖，则炕垄的做法为：在炕垄的位置立放砖，再顺置一皮砖，作为炕垄；上面横搭一皮砖，作为炕面；砌时砖要紧密搭接，这样炕面才能平整结实。用黄土、沙子1∶2配比的胶泥为黏结材料。炕洞的最下部垫黑土或黄土，夯打坚固，比地面高30厘米左右，以缩小

---

① 华阳：《东北地区古代火炕初探》，载《北方文物》，2004（1），40～48页。

炕洞的面积，节约薪材，但是烟量仍可充满炕洞，使火炕温热。炕洞数量根据材料和面积大小不同，一般从三洞至五洞不等，如使用青砖则做四个洞比较合适，但无具体规定，由工匠临时决定。各种形式的炕洞在炕头和炕梢的下部都有落灰堂，也就是两端顶头的横洞，洞底深于炕洞底部。这种做法的用意是，当烟量过大时，烟可以暂时存于落灰堂内，保持灶火的持续燃烧，使灶火不致因烟量过大而熄灭。

按照炕洞来区分，火炕又可分为长洞式、横洞式、花洞式三种。长洞式，是顺炕沿的方向砌置炕洞，和炕沿平行。当入睡时，人体和炕洞成垂直交叉，自上至下，热度很均匀，是最适于居住而又温度均匀的一种炕洞形式。

炕面采用砖、土坯等材料铺盖，于其表面上涂抹插灰泥（插灰泥的做法是，白灰、黄土的比例为1∶1），抹1厘米厚的黄泥羊角（内加草），上部再抹以麻刀的插灰泥或用白灰压平或裱糊厚纸，炕上铺以高粱秆皮编成的炕席，席上再铺毛毡。有的地区出产石板，则用石板做炕面，石板上也要抹一层厚厚的泥。这样既能弥合缝隙，防止烟火，又能防止炕骤热骤凉，保持恒温，还有找平加固的作用。炕面外沿贴砖或木板。也有用油纸糊炕面及墙围的。炕沿一般采用木制，如水曲柳或柞木等硬木，断面面积约为15厘米×8厘米，两端安装于抱门柱上，若没有抱门柱，则固定在墙里。炕沿下木支撑的上面刻有云子卷炕裙子装饰。炕的侧面多镶木板装饰。

火炕还有一个维护问题。火炕烧至3年左右，须掏炕一次（即清理炕洞）。掏炕是将炕面拆除，将炕洞内的烟灰、烟油等物取出，使炕易燃而保温。烧煤和烧草的炕，因烟大灰多，须一年掏一次；烧木材的炕则四五年掏一次即可。

满族民居的烟囱基部距山墙1~2米处，有一个水平烟道将烟囱与炕相连，这种水平烟道又称烟囱脖。在冬天时，内热外冷，容易反霜，这是它的弊病。沿这种烟囱的内径向地下挖一个深坑——窝风巢，并在通向室内炕洞的水平烟道口下面设一块斜立的砖——称为"呛风石"，挡住烟囱内径的一部分，令从烟囱顶口扎下来的冷空气被挡住，不与炕洞内排出的烟气相互冲顶，从而保证了烟囱内道的通畅和抽力。汉族民居中的烟囱是隐藏在山墙内的，从屋顶上突出来，做法与满族民居有些不一样。其下部也有一个窝风巢，但由于与炕腔相距太近，冷空气很容易与烟气相撞，拔烟效果不如跨海烟囱[1][2]。

二、现代火炕

过去东北满族传统住宅一般是"口袋房"的形式，屋门开在东侧而不在正中。进门的一间是灶房，西侧居室则是两间或三间相连，室内南北炕与屋的长度相等，俗称"连二炕"或"连三炕"。因是供人起居坐卧的，炕面宽五尺多，又叫"南北大炕"或"对面炕"，正面的西炕较窄，供摆放物品用。炕之间的空地称为"屋地"。实际上，室内的大部分平面空间都被炕占据，所以人们的室内生活主要是在炕上。家里进来客人，首先请到炕上坐；平日吃饭、读书、写字都是在炕桌上；孩子们玩抓"嘎拉哈"、弹杏核、翻绳（俗称"改股"）等游戏也是在炕上。

万字炕和东北地区许多民间礼俗有着密切关系。在旧时老少几代同居一室的大家庭中，南炕因向阳温暖，是家中长辈居住之处，其最热乎的"炕头儿"位置（靠近连炕锅灶的一侧）供家中辈分最高的主人或尊贵的客人寝卧。北炕则是家中晚辈居住或作烘晾粮食之用。西炕一般不住人，在满族人家则是特殊的地方，因为西墙正中是他们安供家中"祖宗板"（祭祀神位）之处，所以炕上只能摆设祭器供品，不许乱放杂物和随意踩踏坐卧。

过去东北的许多人家，儿子娶妻生子后仍与父母同住一室。为避免不便，常把两、三开间的居室用木板糊纸作"软间壁"，从炕面到房梁栅成里外两个空间；也有的在相应位置设活动的栅板，白天撤去，晚间安放。此外，在与炕沿平行的正上方，从栅顶吊下一根长竿，称为"幔竿子"，用以悬挂幔帐，晚间睡觉时放下，可以避免头顶受风着凉，也可以起到南北炕之间的遮挡作用。

东北民宅室内摆设也与万字炕格局相应。南北炕炕梢（靠房山墙的一端）摆放炕柜，上叠放被褥枕头等寝具卧具，俗称"被格"。西炕上则放与炕长相等的"堂箱"（或叫"躺箱"），装粮食和衣物。箱盖上摆放香炉、烛台等供器，以及掸瓶、帽筒、座钟等日用陈设。

---

[1] 东北城乡的满族传统民宅，无论是青砖瓦房还是土坯草房，都有一个显著的特征，即烟囱不是建在山墙上方的屋顶，也不是从房顶中间伸出来，而是像一座小塔一样立在房山之侧或南窗之前，民间称之为"跨海烟囱""落地烟囱"，满语谓之"呼兰"。

[2] 周巍：《东北地区传统民居营造技术研究》，76～77页，重庆，重庆大学，2006。

火炕最主要的功能就是取暖。因为烧炕是通过做饭的锅灶，所以只要吃饭、烧水，炕就是热的。为了冬季御寒，有的人家把室内地面下也修成烟道，称之为"火地"或"地炕"，在特别冷的季节，加烧火地，以提高室温。尽管室外天寒地冻、滴水成冰，屋里炕面、地面一起散发热量，仍然温暖如春。

做饭的锅灶不与火炕在同一个房间。火炕中空，形成烟道，并通过烟道取暖。

火炕都是建在房间的南部，几乎占近半个房间的面积，三面靠墙。南面有很大的玻璃窗。炕沿的下边（即北面）是二到三尺高的炕墙，富裕人家用青砖勾缝，甚至还有砖雕，多数人家在土坯垒成后抹一层泥或白石灰。火炕里边的结构是比较复杂的，必须使"锅灶—烟道—烟囱"构成一个能够使热量保存并达到火炕每一处，并且使烟气顺利地排出而不漏出的有效的热循环系统。垒炕时，先在地上用土沙等垫高到炕高的一半，夯实后，再用土坯砌成S形烟道，也可以先砌烟道；再在其中填以土沙，这样就更结实了，使炕面不易下沉。烟道里还有几个存烟灰用的叫作"灰膛"的坑。烟道垒好后，就是安炕面了。事前在平地上用四根木条围成一个矩形框，放上几根木棍，并填充上泥巴，晾干后，去掉框，就成了一块约二尺长、一尺宽、三寸厚的炕板。用土坯砌炕墙和"垛"，用"板块"覆面，一面与烟囱相接，另一面与锅灶相通。做饭的同时，利用余热暖炕，经济实惠。

火炕的原理是，秸秆、树枝等燃料燃烧产生的热气流经火炕烟道时，将热量散发给土坯，土坯是热的不良导体，所以土炕被烧热后，其温度会持久。冬天睡火炕是很舒服的，草席子上铺有很薄的棉或草褥子，盖的被子也很薄。在农村，人们都是盘腿坐在炕上的。火炕也是吃饭、绣花、唠嗑、学习的地方。上面放有高约一尺的炕桌，方便实用。每年拆旧砌新，炕土是极好的肥料。

当今，随着楼房暖气和各种取暖设施的普及，使用火炕的家庭越来越少，只有农村还保留着火炕。

我国传统的旧式灶具有一不、二高、三大、四无的弊病。

一不：通风不合理。旧式灶没有通风道（落灰炕），只靠添柴口通风，从添柴口进入的空气不能直接通过燃料层与燃料调和均匀，所以，燃料不能充分燃烧。同时，从添柴口进来大量的冷空气，在经过燃料表面时，又降低了灶内温度，带走了一部分热量，使得一些可燃气体和碳不能充分氧化。常言道："灶下不通风，柴草必夹生；要想燃烧好，就得挑着烧。"

二高：锅台高，吊火高。旧式灶只考虑做饭方便和添柴省力，而没有注意燃料的燃烧和节约。锅台都搭得很高，锅脐与地面的距离很大，使火焰不能充分地接触锅底，大量的热能都流失掉了。这种灶开锅慢，做饭时间长，正是"锅台高于炕，烟气往回呛；吊火距离高，柴草成堆烧"。

三大：添柴口大、灶膛大、进烟口大（灶喉眼）。旧式灶的这"三大"使灶内火焰不集中，火苗发红，灶膛温度低。灶内又没有挡火圈，柴草着火就奔向灶喉眼，火苗成一条斜线，火焰在灶膛里停留时间较短，增大了燃烧热能辐射损失，使一部分热量从灶门和进烟口白白地跑掉了。

四无：无炉箅、无炉门、无挡火圈、无灶眼插板。旧式灶由于无炉箅，灶内通风效果不好，燃料不能充分燃烧，出现燃烧不尽和闷炭现象。由于添柴口无炉门，大量的冷空气从炉门进入灶内，降低了灶内温度，影响了燃烧效果，增大了散热损失。由于灶膛内无挡火圈，灶内的火焰和高温烟气在灶内停留的时间短，火焰奔向灶喉眼，不能充分地接触锅底，锅底的受热面积小，做饭慢，时间长，费燃料。由于旧式灶没有灶喉眼插板，因此，灶喉眼烟道留得小了，没风天时抽力小，烟气排不出去，出现燎烟、压烟和不爱起火现象；灶喉眼烟道留得大了，在有风天时，炕内抽力大，烟火又都被抽进炕内，出现不爱开锅、做饭慢等现象。同时使灶内不保温，火炕凉得快，也增大了排烟损失。所以，旧式灶费柴、费煤、费工、费时，热效率低。

同时，旧式火炕还有一无、二不、三阻、四深的弊病。

一无：旧式火炕内冷墙部分无保温层。冬季，炕内冷墙部分（前墙、后墙、山墙）的里墙皮有时上霜、挂冰，炕内热量损失很大。同时，里墙内如抹得不严，会透风而且不好烧。如果在冷墙部分增设保温层，可以防止透风和减少炕内热量损失。

二不：旧式火炕的炕面一是不平，二是不严。过去搭旧式炕是"不管炕面搭成什么样，最后全用泥找平"。这种做法是不对的。炕面不平，烟气接触炕面底面流动时的阻力就大，会影响分烟和排烟速度。炕面不严，则炕内支柱砖受力不均，会出现炕面材料折断和塌炕现象。炕面材料之间接触不好、炕面泥薄厚不均，又直接影响炕面的传热效果。

三阻：旧式火炕炕头是用砖堵式分烟，造成烟气在炕头集中和停顿，因此炕头分烟时阻力大。炕洞大多采用卧式死墙砌法，占用面积大，炕面的受热面积就小，同时，在炕洞内又摆上一些迎火砖和迎风砖等，造成炕内排烟阻力大。火炕的炕梢由于没有烟气横向汇合道，而是用过桥砖搭的炕面，所以排烟不畅，炕梢出烟阻力大。这"三阻"使得火炕不好烧和不能满炕热，增大了炕头与炕梢的温差。

四深：旧式火炕的炕洞深、狗窝深、闷灶深、落灰膛深。这"四深"使炕内储存了大量的冷空气。当炉灶点火时，炕内的冷空气与热烟气就会形成热交换，产生涡流，造成炉灶不好烧。这些冷空气还要吸去和带走很多的热量，使之多烧燃料而炕还不热。

总之，由于旧式灶炕受到这些弊病的影响，所以经常不好烧，炕不热，屋不暖；要使炕热屋子暖，就得多搭炉灶，多烧燃料，造成费煤、费柴、费工、费时、费材料。

第三节　蒙古包

蒙古人在寻找适合自己生活的居室的过程中，经过千百年的摸索，终于用木料、毛毡建造出造型独特的蒙古包。蒙古包不但能够经受大自然的考验，也非常适合游牧民族的生产、生活方式。

在历史上，许多东西方旅行家、探险家和学者都在他们的著作里写到蒙古包。鲁不鲁乞，法国人，1252年受法国国王路易九世派遣，出使蒙古帝国，写出《东游记》①，书中记载了蒙古人的风俗习惯等。宋代彭大雅撰写、徐霆作疏的《黑鞑事略》记载："穹庐有二样：燕京之制，用柳木为骨，正如南方罘思，可以卷舒，面前开门，上如伞骨，顶开一窍，谓之天

---

① 《东游记》，法国人、方济各会会士鲁不鲁乞（Guillaume de Rubruquis，约1215—1270）的行记。1253年，鲁不鲁乞被法国国王路易九世派赴东方，向蒙古人宣传基督教义。次年，他谒见蒙哥汗，并随大汗至喀拉和林。后回国向法王复命，并呈递了用拉丁文写就的出使报告。该报告被后人称为《鲁不鲁乞东游记》，简称《东游记》。记载了所经过的地区，遇见的民族，蒙古人的风俗习惯、宗教，蒙哥汗的宫廷及其家族以及其他重大事件等，内容丰富，与《普兰诺·加宾尼行记》所载既有相同之处，又有区别的地方，可互相参证。它是研究蒙古史的可贵资料。有多种版本传世，现常见的有英国人道森编的《出使蒙古记》，有中译本，1983年由中国社会科学出版社出版。

窗，皆以毡为衣，马上可载。草地之制，以柳木组定成硬圈，径用毡挞定，不可卷舒，车上载行。"宋代赵良嗣诗曰："朔风吹雪下鸡山，烛暗穹庐夜色寒。"穹庐就是蒙古包。明代肖大亨的《北虏风俗》、清代张穆的《蒙古游牧记》，以及《马可·波罗游记》等，都对蒙古包有一些描述。如《马可·波罗游记》里说，蒙古包是木杆和毛毡制作的圆状房屋；可以折叠，迁移时叠成一捆拉在四轮车上；搭盖时，总是把门朝南等。

蒙古包古代称作穹庐、毡包或毡帐。蒙古包呈圆形尖顶，顶上和四周以1~2层厚毡覆盖。普通蒙古包的顶高10~15尺，围墙长约50尺，包门朝南或东南开。包内四大结构为：哈那（即蒙古包围墙支架）、天窗（蒙古语"套脑"）、椽子和门。蒙古包以哈那的多少区分大小，通常分为4个、6个、8个、10个、12个哈那。12个哈那的蒙古包，在草原是罕见的，面积可达600多平方米，远看如同一座城堡，十分壮观。

蒙古包自匈奴时代起就已出现，一直沿用至今。蒙古包外观呈圆形，顶为圆锥形，围墙为圆柱形，四周侧壁分成数块，每块高160厘米左右，用条木编围砌盖。游牧区多为游动式。游动式又分为可拆卸和不可拆卸两种，十分方便，前者以牲畜驮运，后者以牛车运输。哈萨克、塔吉克等族牧民游牧时，也居住在蒙古包内。

在辽阔的蒙古高原上，寒风呼啸，大地上点缀着许多白色的帐篷，它们就是蒙古包。蒙古包是许多蒙古人的日常居住地。多数蒙古人终年赶着他们的山羊、绵羊、牦牛、马和骆驼寻找新的牧场。蒙古包可以打点成行装，由几峰骆驼运到落脚点，再支起来。

蒙古包搭好后，人们进行包内装饰。铺上厚厚的地毯，四周挂上镜框和招贴画。现在一些家具电器也进入了蒙古包，人们生活十分舒畅欢乐。蒙古包的最大优点就是拆装容易，搬迁简便。架设时，将哈那拉开，便成圆形的围墙；拆卸时，将哈那折叠，体积便缩小，又能当牛板。

一、结构

蒙古包主要由架木、苫毡、绳带三大部分组成。制作不用泥水土坯砖瓦，原料非木即毛。

蒙古包的架木包括套瑙、乌尼、哈那、门槛。

蒙古包的套瑙分为联结式和插椽式两种。要求木质好，一般用檀木或榆木制作。两种套瑙的区别在于：联结式套瑙的横木是分开的，插椽式套瑙的横木则不分开。联结式套瑙有三个圈，外面的圈上有许多伸出的小木条，用来连接乌尼。这种套瑙和乌尼是连在一起的。因为能一分为二，骆驼驮运十分方便。

乌尼通译为椽子，是蒙古包的肩，上联套瑙，下接哈那。其长短、大小、粗细要整齐划一，木质要求一样，长短由套瑙来决定，数量也要随着套瑙改变。这样，蒙古包才能肩齐，才能圆。乌尼为细长的木棍，呈椭圆形或圆形。上端要插入或联结套瑙，头一定要光滑并稍弯曲，否则造出的毡包容易偏斜倾倒。下端有绳扣，以便于将哈那头套在一起。粗细由哈那决定，一般卡在哈那头的丫形叉子中，以上端正好平齐为准。乌尼一般是由松木或红柳木制作的。

哈那承接套瑙、乌尼，定毡包大小，最少有四个，数量多少由套瑙大小决定。哈那有三个神奇的特性。

其一，伸缩性。高低、大小可以相对调节，不像套瑙、乌尼那样尺寸固定。一般习惯上说多少个头、多少个皮钉的哈那，不说几尺几寸。皮钉一般有10个、11个等（指一个哈那）。皮钉越多，哈那竖起来越高，往长拉的可能性越小；皮钉越少，哈那竖起来越低，往长拉的可能性越大。头一般有14个、15个、16个不等。增加一个头，网眼就要增加，同时哈那的宽度就要加大。这一特点给扩大或缩小蒙古包提供了可能性。做哈那的时候，是把长短、粗细相同的柳棍，以等距离互相交叉排列起来，形成许多平行四边形的小网眼，在交叉点用皮钉（以驼皮最好）钉住。这样，蒙古包可大可小、可高可矮。蒙古包若要高建，哈那的网眼就窄，包的直径就小；若要矮建，哈那的网眼就宽，包的直径就大。雨季要搭得高一些，有风季节要搭得低一些。蒙古人四季游牧，不用为选蒙古包的地基犯愁。哈那的这一特性，决定了它装卸、运载、搭盖都很方便。

其二，巨大的支撑力。哈那交叉出来的丫形支口，在上面承接乌尼的叫头，在下面接触地面的叫腿，两旁与别的哈那绑口的叫口。哈那头均匀地承受了乌尼传来的重力以后，通过每一个网眼分散和均摊下来，传到哈那腿上。这就是指头粗的柳棍能承受两三千斤压力的奥秘所在。

其三，外形美观。哈那的木头用红柳，轻而不折，打眼不裂，受潮不走形，粗细一样，高矮相等，网眼大小一致。这样做成的毡包不仅符合力学要求，外形也匀称美观。

要特别注意掌握哈那的弯度。一般都有专门的工具，头要向里弯，面要向外凸出，腿要向里撇，上半部比下半部要挺拔正直一些。这样才能稳定乌尼，使包形浑圆，便于用三道围绳箍住。

哈那立起来以后，把网眼大小调节好，哈那的高度就是门框的高度。门由框定。因此，蒙古包的门不能太高，人得弯着腰进。毡门要吊在外面。

蒙古包上了8个哈那要顶支柱。蒙古包太大了，重量增加，大风天会使套瑙的一部分弯曲。联结式套瑙多遇到这种情况。8~10个哈那的蒙古包要用4根柱子。蒙古包里都有一个圈围火撑的木头框，在其四角打洞，用来插放柱脚。柱子的另一头支在套瑙上加绑的木头上。柱子有圆、方、六面体、八面体等。柱子上的花纹有龙、凤、水、云等多种图案。一般王爷才能用龙纹。

外层由顶毡、顶棚、围毡、外罩、毡门等组成。

顶毡是蒙古包的顶饰，素来被看重。顶毡是正方形的，四角都要缀带子，它有调节空气和光线强弱的作用。顶毡的大小由正方形对角线的长度决定。裁剪时，以套瑙横木的中间为起点，向两边一拃一拃地来量，四边要用驼梢毛捻的线缭住，四边和四角纳出各种花纹，或者用马鬃马尾绳两根并住缝在四条边上，四个角钉上带子。

顶棚是蒙古包顶上苫盖乌尼的部分。每半个像个扇形，一般由3~4层毡子组成。里层叫其布格或其日布格。以套瑙的正中心到哈那头（半个横木加乌尼）的距离为半径，画出来的毡片为顶棚的襟，以半个横木画出来的部分为顶棚的领，把中间相当于套瑙那么大的一个圆挖去，顶棚就剪出来了。剪领的时候，忌讳把乌尼头露出来。苫毡的制作讲究看吉日。裁剪的时候，都分前后两片，衔接的地方不是正好对齐的，必须错开来剪。这样才能防止雨水、风、尘土灌进去。里层苫毡子在哈那和乌尼脚相交的地方必须要包起来，这样外面的毡子就不会那么吃紧，同时可使蒙古包的外观保持不变。

顶棚裁好后，外面一层周边要镶边和压边。襟要镶四指宽，领要镶三指宽。两片相接的直线部分也要镶边。这样做，可以把毡边固定结实，同时看起来也比较美观。

围绕哈那的那部分毡子叫围毡。一般的蒙古包有四个围毡。里外三层，里层的围毡叫哈那布其。围毡呈长方形。

裁缝围毡的时候，比哈那要高出一拃。围毡的领部要留抽口，穿带子。围毡的两腿上也有绳子。围毡外边露出来的部分要镶边和压条。东北围毡和东横木相接的地方用压条。有压条的围毡要压在没有压条的围毡上面。围毡的襟没有压条，也不镶边。

外罩用蒙古语叫胡勒图日格，是顶棚上披苫的部分，它是蒙古包的装饰品，也是等级的象征。

裁缝胡勒图日格的时候，其领正好和套瑙的外圈一般大。胡勒图日格的腿有四个，和乌尼的腿平齐。外罩的襟多缀带子。它的领和襟都要镶边。有云纹、莲花、吉祥图案，刺绣非常精美。胡勒图日格的起源很早，从前一般人家都有，后来才变成贵族、喇嘛的专利。

门，原指毡门，用三四层毡子纳成。长宽用门框的外面来计量。四边纳双边，有各种花纹。普通门多白色，蓝边，也有红边。上边吊在门头上。门头和顶棚之间的空隙要用一条毡子堵住，有三个舌（凸出的三个毡条），也要镶边和纳花纹。

蒙古包的带子、围绳、压绳、捆绳、坠绳的作用是：保持蒙古包的形状，防止哈那向外炸开，使顶棚、围毡不致下滑，不会在风中掀起来。（可以保证其中人的安全性）总之，对保持蒙古包的稳固坚定和延长蒙古包的寿命都有很大的作用。

围绳是围捆哈那的绳子，用马鬃马尾制成。分为内围绳和外围绳。把马鬃马尾搓成六细股，三股左三股右搓成绳子，再用2，4，6根并排起来缝成扁的。这种围绳的好处是能吃上劲，不伸缩。内围绳是蒙古包立架时在赤裸的哈那外面中部捆围的一根毛绳。哈那的压力很大，内围绳的质量一定要特别结实。内围绳一旦断裂或没有捆紧，哈那就会向外撑出来，套瑙下陷，蒙古包就有倒塌的危险。外围绳捆在围毡外面，分为上、中、下三根。围绳的颜色有的搭配得很好，搓出来是花的。外围绳不仅能防止哈那鼓出来，还能防止围毡下滑。

压绳也叫带子，分内压绳和外压绳。立架木的时候，把赤裸的乌尼横捆一圈的绳子叫压绳。蒙古包内有内压绳4或6根，也用马鬃马尾搓成，较细。这些压绳和乌尼压绳一样粗细，防止套瑙下陷或上翘，使蒙古包顶保持原来的形状。

外压绳分为普通八条压绳、网络带子和外罩带子三种。普通压绳比内压绳要粗，外压绳用在苫毡的外面。前面4根，后面4根。网络带子和普通压绳不同，套在顶棚上，从蒙古包四周像流苏一样垂下来。尤其是顶棚襟边的制作更为精致，垂下来缝压在围毡上。外罩带子只有外罩的蒙古包才有。有外罩的毡包不用其他外压绳，外罩本身就起到包顶压绳的作用。外罩与其说是苫毡，不如说是压绳更准确。外罩脚上、领上钉的带子，将顶棚的襟捆压得更妥帖，大风吹不起来。

捆绳是把相邻两片哈那的口绑在一起，使其变成一个整体的细绳，用骆驼膝盖上的毛和马鬃马尾搓成。坠绳是套瑙最高点拉下的绳子。蒙古人分外看重这根带子，用公驼和公马的膝毛或鬃尾搓成。大风起时，把坠绳拉紧，可以防止大风灌进来，把毡房吹走。

哈雅布琪是围绕围毡转一圈将其底部压紧进行封闭的部分。春、夏、秋三季主要用芨芨草（枯枝）、小芦苇、木头做成，冬季用毡子做成。暖季的哈雅布琪是卷成一个圆棒形的，无风天折起来放好，有风时围上。冬季用的哈雅布琪是用几层毡子摞起来做的，上面纳有花纹。

蒙古包后面总是立着一根光秃秃的木头杆子，人们十分敬重它，平常不准外人走近。据说，汉朝的苏武出使匈奴，被匈奴王流放在北海边。苏武刚到不久，降将李陵便奉命来劝他投降。苏武痛骂李陵一顿，还要举节棒打李陵，吓得李陵慌忙逃走。从此，匈奴王不给苏武饭吃，苏武便自己开荒种粮食。不论是放羊打草、种地做活，还是行居坐卧，出使的节棒一刻也不离苏武的身边。日久天长，节棒上的飘带和旄球都被磨掉了，他还是带在身边。当地牧民见了，都非常敬佩他。苏武被汉朝迎接回国后，当地人民怀念他，便都在蒙古包后边立了一根光溜溜的木杆，作为苏武当年时时留在身边的节棒的象征。

二、历史发展

远古时人们挖掘洞室，沿洞壁用木头、石头砌到洞顶，再在上面搭一些横木封顶，并在洞顶留一口子，供人出入及走烟、出气、采光、通风之用。这种构造后来发展成蒙古包的门和天窗。在原始采集时代，蒙古族居所的圆形拱顶以活树为支柱，用桦树皮覆盖，制作简单。到狩猎时代，由于活动范围越来越大，畜牧业开始萌芽。适于迁徙的窝棚类建筑应运而生。到游牧时代，居舍由窝棚演变为帐篷，用树木做支架并上盖毛皮。进入游牧社会，支架变成"哈那"，与天窗连接在一起，便有了蒙古包的雏形。也出现了毛毡帐，其形似天幕，用羊毛毡覆盖。据《呼伦贝尔概要》，呼伦贝尔地区的蒙古人，因为游牧生活需依水草而居，转徙无常，因而都以蒙古包为栖身之所。这种天幕帐篷，可蔽风雪，可防虎狼。

蒙古包是蒙古族人民经过千百年的摸索，创造出的适合当地生态环境及自己生存需要的一种建筑形式。它融入了中国传统的"天人合一"思想，适合游牧民族的生产、生活方式。

三、文化发展

辽阔的草原是蒙古民族纵马征战和自由放牧的大型舞台，最适合游牧民族的居舍就是蒙古包。蒙古包是游牧民族特有的文化模式，它伴随着蒙古民族走过了漫长的年代。

蒙古包有其发展、演变的过程：古人制造洞室，沿洞壁用木头、石头砌到洞沿，上面搭一些横木封顶就成了洞室。洞顶要留一口子，供人出入及走烟、出气、采光、通风之用，后来发展成蒙古包的门和天窗。那时称这种洞室为乌尔斡，"乌尔"原意为"挖"，现代蒙古语中已经专指蒙古包天窗上的顶毡，引申为"家""户"等意。在狩猎采集时代，蒙古族住在窝棚里，这种圆形拱顶的隐蔽窝棚以活树为支柱，用桦树皮覆盖，制作简单。

斡儿朵系古代蒙古贵族所用的蒙古包。也作"窝裹陀"，又称"宫帐"。这种蒙古包与普通蒙古包相比，有以下三个特点。

其一，容积很大。普通蒙古包高约十三四尺，宽五六尺。斡儿朵则高大得多。《东游记》载："他们把这些帐幕做得如此之大，以至有时可达三十英尺宽。有一次，一辆车在地上留下的两道轮迹之间的宽度，为二十英尺。当帐幕放在车上时，它在两边伸出车轮之外至少各有五英尺。有这样的情况，有一辆车用二十二头牛拉一座帐幕……"这种用二十二头犍牛所拉的巨型蒙古包是一种极富表现力的创造。

其二，古代贵族用的斡儿朵富丽堂皇。《黑鞑事略》徐霆注云："霆至草地时，立金帐，其制则是草地中大毡帐，上下用毡为衣，中间用柳编为窗眼透明，用千余条线曳住，门阑与柱皆以金裹，故名。"《蒙古秘史》云："王汗毫不介意地立起了金撒帐。"撒帐即细毛布，此处为细毛布做成的金碧辉煌的巨帐。这种经过装饰以后的宫帐也叫"金殿"。

其三，宫帐的造型与蒙古包略有区别。《水晶鉴》记载："有天宫之帐曰宫帐。"宫帐上面呈葫芦形，葫芦象征福禄祯祥；下面呈桃形，模仿天宫。现在成吉思汗陵寝地还保存有这种宫帐的造型。宫帐金碧辉煌，蒙古包用黄缎子覆盖，其上还缀有藏绿色流苏的顶盖，极为富丽，表现了蒙古民族特有的建筑艺术。

四、鲜明特征

（一）适应环境

蒙古人用羊胃形容自己的毡包，因为13世纪的蒙古包形即如此。蒙古包顶上圆中有尖，中间宽大浑圆，下面可以算作"准圆"。这种形式特点使草原上的沙暴和风雪受到蒙古包的缓冲以后，会在它后面适当的距离形成一个新月形的缓坡堆积下来。这是因为蒙古包没有棱角，光滑溜圆，呈流线型。包顶是拱形的，承受力最强（如桥梁之拱形），形成一个强固的整体。大风来了，承受巨大的反作用力。上面的沙子流走了，下面的沙子在后面堆积起来。搭盖坚固的蒙古包可以经受冬春的十级大风。

蒙古包还能经得住草原上的大雨，这归功于它的形态构造。雨季蒙古包的架木要搭得相对"陡"一些，再把顶毡盖上，雨雪很难侵入。包顶又是圆的，雨水只能从顶毡上顺着流走。但是，雨天蒙古包的压力会增加。蒙古包承受两三千斤的压力是很寻常的事情。蒙古包能承受这么大的压力，是因为蒙古人很懂得力学知识，架木制造得十分科学，把压力都分担了。

蒙古族生活地区自古奇寒，然而，蒙古人世世代代地居住在蒙古包内，并不惧怕严寒。因为：其一，包内有火，牛羊的粪就是最好的燃料；其二，冬天毡包外面加厚，里面又绑一层毡子，隔风性能较好；其三，还可以在包内盘暖炕，加上皮褥皮被，怎么会冷呢！

蒙古包冬暖夏凉。因为它下部系圆柱体，通体发白，有较好的反光作用。其背面可以开风窗，还可以把围毡边撩起来。

（二）适应游牧

蒙古族是游牧民族，从事游牧生产。蒙古包的应运而生，给千万里长距离的自由迁徙带来了极大的方便。

（1）搭盖迅速。搭盖蒙古包，什么季节、什么地方都可以。只要地面平整一些，周围水草好就行。蒙古包因为是一种组合式的房屋，各个部件都是单独的，所以一个女人都可以搭起来。到了一个新的地方，把它从车上或骆驼上卸下来，等人生着火熬好茶的时间，一座蒙古包就搭起来了。

（2）拆卸容易。拆卸蒙古包比搭盖还容易得多。围绳、带子都是活扣，很容易解开。带子一解开，毡子和架木就自动分离。哈那、乌尼、套瑙都是分根分片的，三下五除二就可以拆卸开并折叠起来。在紧急情况下，一个人很快就能卸完。

（3）装载方便。蒙古包的架木和哈那、乌尼、套瑙、门都是分开的。外面覆盖的顶毡、围毡都是单个的，任何一件，一个女人都可以举起来放在车上。蒙古包用骆驼驮运，用车装载都特别适合。千百年来，已经形成固定程式，想都不用想就装载完了。

（4）搬迁轻便。除了套瑙以外，架木全用轻木头做成，以便搬迁轻便易行。蒙古包自古以来就是为游牧经济服务的，其内除了必要的生活用品，没有多余的东西。如果是有钱人家，就把东西放在轿车里，去什么地方都很方便。一般的人家有两三峰骆驼或两三辆勒勒车就行了。

放牧也好，打仗也罢，都是连家一起走的。所以，蒙古语有一个习惯的说法，把"家园"称为格日特日格（家车）。

（三）修造方便

蒙古民族一直自己制造蒙古包。蒙古高原有的是山林，木料不用发愁。剪下羊毛擀毡子，外面搭的东西就有了。剪下驼马鬃、尾，就可以搓成围绳和带子。所用的料全是就地取材。

蒙古包的各个组成部分都可以拆卸。哪个部件坏了、旧了，就可以把它换掉。蒙古包既可以扩大，也可以缩小。但是习惯上，蒙古人不喜欢缩小。儿子成家的时候，都要盖一座小巧的新包。以备今后生儿育女，扩大毡包。扩大毡包的时候，把套瑙换掉，增加乌尼、哈那就行了。蒙古包这种制作容易与修理简便的特点，使蒙古人至今仍然使用。

（四）由内而外

蒙古包是用毡子搭的，外面有什么动静很容易知道。尤其是深夜，外面发生了什么事情，牧民都知道得一清二楚。游牧部落从事牧业经济，尤其是羊群不入圈的季节、狼和鹰猖獗的时候、兵荒马乱的年代，蒙古包的这种作用发挥得更加明显。相对农业民族的房屋来说，蒙古包更适合从事牧业经济，有其他居室不可比拟的优越性。

（五）明亮殿堂

蒙古包给人一种宽敞明亮的感觉。蒙古包的套瑙开在顶上，日出日落阳光都能照进蒙古包，因此包内始终敞亮。蒙古包的圆顶开在上方，烟尘很容易出去。套瑙和门口离得很近，容易交换空气。蒙古包里永远有明亮充足的阳光，始终充满着大自然健康清新的空气。

蒙古人经过几千年的实践，把各个蒙古包部件用精巧的工艺制作出来，使它有着独特的美感。从远处看，它像草原上一颗洁白的珍珠。走近一看，毡包上的花纹更加清晰美丽。蒙古人在制作毡包时，在顶毡、顶棚、围毡的边上，都要用驼毛和马鬃马尾搓成细绳缝上去。在雪白的毡上镶上一条黑边，黑白分明，看起来非常美观。在围毡上箍紧的三条宽大的围绳和与其交叉的六条绳索，把蒙古包捆出一种独特的形状。在顶棚和围毡衔接的地方，为了防止风灌进去，用皮条做成吉祥图案，在包顶缠绕一周，使毡包显得更加好看。另外，蒙古包的底部用纳有云头花纹的毡子或刻着花草的木头做成墙脚围子。蒙古包的毡子也很讲究，周边纳有各种花纹，中间是吉祥图案和云纹图案。蒙古包绣纳的毡门也格外美丽。门头上的毡子或门框横木也要绣刻各种花纹，增加美感。包顶的外罩更是占尽风光。外罩也叫"有腿的顶毡"。用外罩布苫上顶毡，把套瑙那么大的一片正好挖掉即可。有了外罩的蒙古包，从哪个方向看都是莲花瓣和云头花。外罩有红有兰，宛如红莲青莲。有了外罩的蒙古包，比一般的蒙古包更为鲜艳夺目。

蒙古包内部也有自己独特的美。一则蒙古包的架木和哈那、乌尼、套瑙、门等做工讲究，架木和苫毡很般配。二则在地面铺满纳绣的毡子，用各种颜色毛线镶出边来，中间绣上云纹和吉祥图案，看起来非常美观。三则蒙古包里的家具，从佛龛到被桌、箱子、竖柜、碗架，无不彩绘刀马人物、翎毛花卉、山狍野鹿之类，色彩鲜艳，栩栩如生。坐在这样的蒙古包里，可以说是一种享受。

五、包内陈设

蒙古包内的陈设，主要是继承了老祖宗敬奉香火、神佛的传统，同时跟男女劳动的不同分工有关系。这种陈设形成的固定规矩之所以能保持不变，还在于蒙古包的形状几千年来没有改变。

蒙古包的空间分为三个圆圈，东西的摆布分为八个座次。不仅八方都有安放东西的地方，正中还有安排香火（灶火）的地方，因此也可以说，有九个座次。但是南面有门，不能放东西；如果南方不算座次，还是八个座次。

从正北开始，西北、西、西南方都放男人用的东西；相反的，东北、东、东南方都放女人用的东西。这种安排与蒙古人男右女左的座次有直接关系，也与男女分工不同有关。

六、相关禁忌

(一) 毡门顶毡忌讳

进蒙古包不能踩门槛，不能在门槛垂腿而坐，不能挡在门口。这是蒙古包的三忌，这种风俗自古就有。进别人家的时候，首先要撩毡门，跨过门槛进去。因为门槛是住户家的象征，踩了可汗的门槛便有辱国格，踩了平民的门槛便败了时运。所以，都特别忌讳，令行禁止。后来虽然这种法令成了形式，但不踩门槛一事却因为每个人都自觉遵守而流传下来。只有有意向对方挑衅、侮辱对方的人，才故意踩着人家的门槛进家。

尊重主人的客人，不但脚不踩门槛，连毡门也不能从正中而入，而要轻轻地撩起祥云帘子，从毡门的东面进去。把右手向上摊开，用手指头肚触一下门头，才能进去。这样做的用意是祝福这家太平吉祥。

平时，为了尊重门户，不但脚不踩门槛、手不抓门头，连顶毡也不能随便触动。在苏尼特嘎林达尔台吉的传说中，就有"不可触动顶毡、灶台、有顶的帽子"等字句。蒙古包的帽子就是顶毡，所以不许随便触动。早晨拉顶毡的时候，用右手拉住顶毡带子，从胸前转一圈（顺时针）转到西面拉开。晚上盖顶毡的时候，用右手在胸前转一圈，拉回到东面。顶毡晚上盖住，白天揭开。白天只有刮风下雨才盖上顶毡。平时晴天丽日，忌讳盖上顶毡。只有家里死了人，才把顶毡盖上，或者把顶毡的三角向天窗垂下来。

(二) 灶火忌讳

蒙古人最尊重灶火，把它看得比什么都珍贵。来家做客的人，别说踩进灶火的木框里，就是木框本身也不能踩。前后出入的时候，要把袍襟撩起，生怕扫住灶火的木框（火撑外面的木圈）。支火撑、坐锅的时候，一定注意不要倾斜。还忌讳向灶火洒水、吐痰、扔脏物，不能在灶火的木框上磕烟袋，火撑上更不能磕烟袋。更忌讳向灶火伸腿、把腿伸到火撑上烤火。不能把刀子等刃具朝着灶火放置。要把剪子、切刀装进毡口袋里，夹在蒙古包的衬毡缝里。忌讳用刀刃捅火、用刀刃翻火、用刀子从锅里扎肉吃、用刀子在锅里翻肉。

尊敬灶火的起因可以从几方面解释。"灶火"（香火——"高勒木德"）一词的古义，是指祖先留传下来的家庭用火；"高勒木德"一词是指主要的木头、柱子、横梁等。

从祭火的祝赞词中可以看到，蒙古人祭火是成吉思汗留传下来的习俗。某一家的香火总是由那家的季子继承，尊敬那一家的香火实际上就是尊重那家的主人。

（三）坠绳忌讳

坠绳，就是拴在天窗正中用来固定蒙古包的拉绳。拉绳的带子夹在蒙古包东横木以北第四根哈那头上搭的乌尼里。先将坠绳从套瑙和乌尼之间垂下弓形的一截，再将其端从乌尼、哈那里穿进去，在乌尼上打一个吉祥活扣掏出来。如果刮起大风，就可以把拉绳一下揪出来，固定在地上拴牢。春秋季节刮起大风的时候，用力把拉绳揪住，或者把它固定在外面北墙根的桩子上，可以防止蒙古包被风刮走。在披坠绳的时候，垂下来的部分长短要适当，一般以站起来不碰头、伸手能够到为好。蒙古人认为坠绳是保障蒙古包安宁、保存五畜福分的吉祥之物。没有坠绳的蒙古包不存在，没有坠绳就不能算蒙古包。出卖大牲畜的时候，要从鬃、尾、膝上拔一小撮毛拴在坠绳上，意为把牲畜的福留在家里。出卖小牲畜的时候，女主人要用袍子的里襟擦它们的嘴，意为把牲畜的福留在里面。男方到女方家娶亲的时候，要把一庹长的缎哈达作为五畜的礼物，搭在对方的坠绳上。坠绳是一种住家生存、五畜繁衍的吉祥物，所以非常珍贵，外来人不能用手去摸。

七、拆卸与搬运

蒙古包的拆卸顺序与搭盖顺序正好相反。把苫毡的带子、围绳的活扣解开，外面三层围绳去掉，一根一根盘好，放在牛粪筐里。拆卸蒙古包的时候，先要把顶毡取下来，抖落上面的尘土，放在包北较远的地方。再从顶棚开始拆卸。首先从上面的那层开始，然后先取后面外层的顶棚，后取前面外层的顶棚。打过土后，将带子放在里面，把顶棚左右两边对折起来，再将上面的部分折回来。取下顶棚外面的毡子以后，把围毡上面的围绳解开，把西北、东北的围毡取下，竖着折起来卷放好。苫毡全部取下来后，开始拆卸蒙古包的架木。最先取的是套瑙，先将压绳解开，把内围绳稍放松以后，才能取出套瑙。然后把乌尼取下来。拆卸哈那时，先将拴在每一个哈那口子的绳子解开。哈那拆下缩小后，叠在一起，这样捆扎也很方便。哈那的拴绳解开以后，从西边开始卸哈那，最后把门框取下。

迁移蒙古包的时候，一般用牛车或骆驼驮运。搬迁的时候，佛像、顶毡、毡门、套瑙一定要走在前面。把箱柜、哈那、乌尼捆成长方形，上面放木门、毡门，再上面是套瑙，套瑙的上面是顶毡包裹的佛像。

牧民搬家的时候，邻里都要来帮忙，将毡包等装捆到车上以后，把热茶、奶酪、饼子拿到蒙古包的原址上，为他们送行。最先走的是佛像和套瑙，骆驼行动以前，牵驼的女人开始穿衣。这家的尊长为她备马。女人牵上骆驼以后，绕着蒙古包的旧址，从东向南，顺时针转一圈，再上马离去。这家尊长在毡包的旧址上穿好新袍，骑马跟在骆驼的后面。主要是看看驮子是否倾斜、是否有东西掉下。小牲畜总是在最后，由老人和孩子赶着前进。

蒙古包运走以后，要把原址打扫干净，牛练绳下面的粪便要清除，春秋季节一定要把火种扑灭。

第十章

东北地区建筑装饰

中国古代建筑装饰工艺历史悠久，技术精湛。与传统文化相结合，反映了中华文化的博大精深。中国古代建筑以木构建筑为主体，历经几千年的发展，在营造思想、单体建构、群体组合和装饰艺术等方面，都形成了独特的风格与体系。在装饰艺术方面，建筑彩画尤其具有特殊的意义。

中国古代建筑的装饰素来以"雕梁画栋"著称于世。古代木构建筑彩画从广义来讲，有三种作用。首先，保护作用。由于木质材料的特殊性，在防范虫噬、火灾、水浸等方面有先天性的弱点，采用油漆彩画于建筑表面可以起到防火、防水的作用。另外，油漆材料多为矿物质，具有一定的毒性，能够起到防虫作用。其次，美化作用。建筑的美不仅体现在建筑本身，通过整体装饰也可以提高观赏性。饰以不同的图案，会带给人不同的美感。最后，区分等级与地位。油饰彩画的图案、色彩、用金等方面，与传统社会的等级结构相对应，可以用来区分建筑物使用者的身份与社会地位。《礼记》中记载："楹，天子丹，诸侯黝，大夫苍，士黄。"宋代规定："非宫室寺观，毋得彩画栋宇及朱黝漆梁柱窗牖、雕镂柱础。"明洪武初年（1368）规定："亲王府第、王城正门、前后殿及四门城楼，饰以青绿点金，廊房饰以青黑，四门正门涂以红漆。"

中国古代的木构建筑经历了朝代更迭、战火硝烟与自然侵蚀，大量被破坏，以致不复存在，唐、宋、元代木构建筑可以说凤毛麟角，彩画因其极易风化更是踪影难觅。留给后人的主要以明清时代的为主。

第一节 东北古建筑传统地仗——油饰

地仗（油饰）是对建筑承重的主要木构件进行加固与防腐处理，从而稳定了整体建筑。由于东北地区具有冬季高寒、冬夏温差大、湿度差异大的气候特征，匠人需要在地仗工艺中采取一些独特的技艺，包括根据季节来调整桐灰油与血料的配比、根据光照调整施工时间、采取局部遮挡措施、伏天不施工等。此外，油饰所用的油漆是用自制桐油加入银朱等颜料调配而成的，具有耐晒、防干裂的特性。

在我国古代，油和漆分别指两种不同的物质：油是指从桐树结出的桐籽中榨出的物质，漆是指从一种树上取得的天然汁液。考古资料证明，在中国，人们从新石器时代起就认识了漆的性能并将其用于制器。历经商周直至明清，中国的漆器工艺不断发展，达到了相当高的水平。1978年，在距今六七千年的浙江省余姚河姆渡遗址第三文化层中发现一件朱漆碗，这是中国已知最早的漆器。漆器是中国古代在化学工艺及工艺美术方面的重要发明。

中国古建筑以木结构为主，这些建筑暴露于空气中，受到阳光直射，经过长期风吹、日晒、雨淋，以及空气中的潮气和各种有害气体的侵蚀，加上霉菌、虫蛀等的影响，极易腐朽变坏。为了延长建筑寿命，同时为了增强美感，对建筑进行油漆处理是必需的选择。

古建筑油漆工艺在材料选用、工艺组合和施工方法等方面与现代油漆工艺有较大的区别。现代油漆工艺主要由两部分组成，即底层处理和表面油漆。古建筑在底层处理上与现代油漆技艺区别较大。古代建筑主要构件体量大，表面粗糙，木筋裸露突出，缝隙大小不一。古代油漆技艺通过复杂细致、多层次的工艺，圆满地解决了这些实际问题，这就是古建筑独特的"地仗"工艺。古建筑油漆工艺被广泛地应用于古建的门、窗、柱、椽望、斗拱、天花、藻井、栏杆、楣子、屏风，以及匾额、神龛、对子、桌案等各个部位。总之，一切裸露部位均采用油漆工艺。古建筑油漆工艺拥有独特的工艺技术，即贴金工艺技术。它被应用于油漆与彩画表面的重要部位，与古建筑彩画配合，使古建筑的装饰达到极高的水平。

随着科学技术的不断进步和古建筑施工的需求，古建筑油漆工艺也在不断地发展和改变。现阶段油漆工艺继承了传统工艺，采用现代施工方法，使用新材料、新工艺，在古建筑修复与保护中发挥了作用，修旧如旧。同时，利用新材料，采用传统操作方法进行古建施工。因此，传统技艺与现代技术的融合，提高了工程质量，改善了施工条件。

尽管古建筑油漆工艺经过了不断的发展与融会，但在适应现代高水平施工需求方面，仍存在一些亟待解决的问题。由于受到气候条件、工艺周期过长等因素制约，进一步提高施工速度、保障工程质量无疑对其是一大挑战。在施工过程中，操作者工作量过大，传统的古建筑材料对人体的伤害较大，对操作者个人和环境都提出了要求。

东北古建筑传统地仗彩绘技艺在清末基本发展成熟，是我国复原修缮古建筑技艺的一个流派。1949年以前，分布在整个东北；目前主要在辽沈地区传承。由于受到地域、民族、文化、气候等方面的影响，东北古建筑传统地仗彩绘技艺和我国其他地区的地仗彩绘技法在工艺流程、用料配比与颜料上有所差异。

东北古建筑彩绘在用料和技法上与其他地区有所不同。所绘彩画一部分是清代的官方彩画，但画面总体色调偏暗。另一部分是特有的寺庙彩画，这类彩画不拘一格，各式彩画符号并用，表现手法更加灵活，有金顶墨、墨顶金、小红花等独特技法。东北古建筑彩画记录了一些地方特有的图案，对于研究历史上东北地区各民族、宗教文化有着重要的参考价值。[①]

为适应东北地区气候特点，地仗工艺是用桐油、麻、白面、血料等多种材料，在木构件表面上披麻、搂灰，经过近三十道工序，对建筑形成特有的一层保护膜。老艺人经常用一些口诀传承，如"冬加土粒，夏加丹""短磨麻、长搂灰""披麻棱角见"等，很能看出艺人的水平。

东北古建筑彩绘代表性传承人李松柏，沈阳人，1946年出生。19岁到沈阳故宫跟随包锡九等7位老艺人学习古建筑地仗、彩画技艺。他学习非常投入，在沈阳故宫吃住3年多，先后学艺11年，掌握了全套的古建筑地仗、彩画技艺，并担任彩画组组长一职长达31年，历任故宫大型维修任务的指挥、现场指导等。2009年，他被辽宁省评为东北古建筑地仗（油饰）、彩画技艺的杰出传承人。李松柏总结了前辈艺人的经验心得，

图10-1　李松柏

---

① 许波：《辽宁省非物质文化遗产名录》，228页，沈阳，辽宁人民出版社，2009。

改进了一些技艺技法，在加快地仗的干燥速度等方面做出了自己的贡献。

当今社会正处于改革开放、经济大发展时代，文化建设繁荣兴旺，古建筑的保护与利用得到高度重视，保护维修的任务十分艰巨，因此，对古建筑技艺要做到保护与传承。

第二节 沈阳市苏家屯区于宝良传承的古建筑彩绘

沈阳市苏家屯区大沟乡的于宝良是古建筑彩绘技法的传承人。古建筑彩绘是他的绝活，被称为“于宝良古建筑彩绘技法”。于宝良16岁师从东北地区有名的彩绘大师张秀（号亚楠）学习塑像，后专攻古建筑彩绘，得其师真传。于宝良勤学苦练，执着钻研，4年后，练就了不凡的绘画技术，花卉山水、人物风景、鸟兽鱼虫在他的笔下活灵活现、形象逼真。后来，他开始跟随师傅在沈阳故宫和沈阳皇寺参加古建筑彩绘维修，渐渐在圈内有了名气。

“文化大革命”时期，于宝良被迫停止了相关工作，但对于彩绘理论的研究始终没有停止。他利用业余时间阅读各类绘画书籍，研习古建筑图谱，因此，在这段时间，他的技法得到明显提高。20世纪90年代以后，于宝良开始独立工作，足迹遍布大江南北。

古建筑彩绘比一般彩绘更有难度。古建筑彩绘技法根据建筑不同，分为三大类：和玺彩画、旋子彩画、苏式彩画。和玺彩画分为金龙和玺、龙凤和玺、龙草和玺、莲草和玺等多种，主要用在宫殿等建筑；旋子彩画分为金线大点金、金线小点金、墨线点金等几种，主要用在庙宇、寺院；苏式彩画分为山水、人物、花卉三种，主要用在庭院楼阁。于宝良古建筑彩绘所用的绘画材料取自自然，师法传统，能够达到“修旧如旧”的效果。在作画前，要通过“一麻五灰”将作画处整理完成。第一步是掀缝，用红松或竹板等将木器开裂处堵严。第二步是搂灰，用桐油、石灰水等将作业面刷半毫米。第三步是通灰。第四步是披麻，用10厘米线麻横铺在作业面，赶光。第五步是中灰，用桐油、砖粉末等混合，抹在作业面。第六步是细灰。

于宝良说，塑像技法是以木材为骨架，绑缚稻草，将黄泥过滤，一次上大型，二次黄泥掺棉花塑成外形。用砂纸打光，贴金上色。原则是按照人体比例塑像，以头高为单位，立七、坐五、跪四、盘三半，脸部比例是三庭五眼、一手捂半脸。

于宝良是沈阳故宫修缮的亲历者之一。他用掌握的古建筑彩绘技法重现了这个古老建筑群近400年前绚丽的色彩和精美的图案。

第三节　大庆肇源古建筑彩绘

肇源古建筑彩绘属于典型的北方地区民间古建筑彩绘艺术，它追求庄严、肃穆、典雅、华丽的风格。彩绘有"金青绿彩绘"和"金五彩彩绘"。在格局上，不受建筑结构的限制，艺人可以灵活地运用，绘画的图案热烈、奔放。在历史上，肇源县古建筑彩绘取得过巨大的成就。

肇源民间彩绘历史悠久，最早可以追溯到清代晚期。其与南方传统彩绘相比，主要区别有三点：一是色调活泼，变化种类多，有着独特的地域风格；二是结构变化，图案复杂，灵活多变，活泼明快，如金青绿彩绘，典雅庄重，但在古朴肃穆中，又体现出明快热烈；三是在施工工艺、材料配比、色彩使用等方面有所不同。

图10-2　大庆肇源古建筑彩绘

参考文献

[1] 陈伯超,朴玉顺,等. 盛京宫殿建筑[M]. 北京:中国建筑工业出版社,2007.

[2] 于倬云. 紫禁城宫殿[M]. 北京:生活·读书·新知三联书店,2006.

[3] 铁玉钦. 盛京皇宫[M]. 北京:紫禁城出版社,1987.

[4] 武斌. 清沈阳故宫研究[M]. 沈阳:辽宁大学出版社,2006.

[5] 杨丰陌,赵焕林,佟悦. 盛京皇宫和关外三陵档案[M]. 沈阳:辽宁民族出版社,2003.

[6] 沈阳一宫两陵志编纂委员会. 沈阳故宫志[M]. 沈阳:辽宁民族出版社,2006.

[7] 陈伯超,支运亭. 特色鲜明的沈阳故宫建筑[M]. 北京:机械工业出版社,2003.

[8] 张勇. 沈阳故宫建筑装饰研究[M]. 南京:东南大学出版社,2010.

[9] 姜相顺. 神秘的清宫萨满祭祀[M]. 沈阳:辽宁人民出版社,1995.

[10] 边精一. 中国古建筑油漆彩画[M]. 北京:中国建材工业出版社,2007.

[11] 赵双成. 中国建筑彩画图案[M]. 天津:天津大学出版社,2006.

[12] 孙大章. 中国古代建筑彩画[M]. 北京:中国建筑工业出版社,2006.

[13] 庄裕光,胡石. 中国古代建筑装饰:彩画[M]. 南京:江苏美术出版社,2007.

[14] 王其钧. 图解中国民居[M]. 北京:中国电力出版社,2008.

[15] 孙大章. 中国民居研究[M]. 北京:中国建筑工业出版社,2004.

[16] 周立军,陈伯超,张成龙,等. 东北民居[M]. 北京:中国建筑工业出版社,2009.

[17] 张驭寰. 吉林民居[M]. 天津:天津大学出版社,2009.

[18] 陈伯超,王华,李培约,等. 中国古建筑文化之旅:辽宁 吉林 黑龙江[M]. 北京:知识产权出版社,2004年.